高职高专示范专业课程改革规划教材

钳工实习

主　编　陈秀华
副主编　甘　辉　卢　建
参　编　李秋艳　刘智婷
主　审　沈　锦

机械工业出版社

本书内容包括：钳工常用设备、量具的使用；立体划线；钳工锯削、锉削、錾削、钻孔、攻/套螺纹；钣金修复及焊接等基本操作以及安全操作常识。

本书有别于普通传统教材，不按学科体系编写，以“学习目标”引领各章主题，辅以“情境设计”，使学生尽可能地贴近实际环境，促进学生的自我思考与学习。

本书寓教于乐、寓教于情景中完成任务，旨在提高学生的实际动手能力、自主学习能力、计划与实施能力、组织能力，并培养团结协作的团队精神。本书可作为大专院校、中等职业学校、技工学校等工科专业钳工实训教材。

图书在版编目(CIP)数据

钳工实习/陈秀华主编. —北京：机械工业出版社，2010.5(2020.1 重印)

高职高专示范专业课程改革规划教材

ISBN 978-7-111-30744-0

Ⅰ.①钳…　Ⅱ.①陈…　Ⅲ.①钳工—实习—高等学校：技术学校—教材　Ⅳ.①TG9

中国版本图书馆 CIP 数据核字(2010)第 096282 号

机械工业出版社(北京市百万庄大街 22 号　邮政编码 100037)

策划编辑：徐　巍　责任编辑：徐　巍　责任校对：申春香

封面设计：路恩中　责任印制：张　博

北京铭成印刷有限公司印刷

2020 年 1 月第 1 版第 5 次印刷

184mm×260mm ·10 印张·240 千字

7501—8100 册

标准书号：ISBN 978-7-111-30744-0

定价：25.00 元

凡购本书，如有缺页、倒页、脱页，由本社发行部调换

电话服务

服务咨询热线：010-88379833

读者购书热线：010-88379649

网络服务

机 工 官 网：www.cmpbook.com

机 工 官 博：weibo.com/cmp1952

教育服务网：www.cmpedu.com

金 书 网：www.golden-book.com

前　言

钳工技能是汽车、机械行业从业者所应具备的基本技能之一。本书的编写目的就是使学生掌握从事汽车、机械维修以及排除故障所必需的钳工基础知识、方法和技能。同时，通过钳工实习培养和提高学生的全面素质，让学生在实习中培养吃苦耐劳的精神和认真细致的工作作风，具备良好的职业道德和良好的综合职业能力及安全操作知识，为从事专业工作和适应岗位变化以及学习新技术打下基础。

本书的内容包括：钳工常用设备、量具的认识，立体划线，钳工锯削、锉削、錾削、钻孔、攻螺纹、套螺纹，钣金修复，焊接等基本操作以及安全操作常识。

本书有别于普通传统教材按学科体系编写的惯例，以“学习目标”引领各章，彰显各章的主题，辅以“情境描述”，使学生尽可能地贴近实际环境，促进学生的自我思考与学习。在每章中围绕“学习目标”，根据具体项目，设置了“想一想”、“做一做”、“认一认”、“练一练”等环节，使学生循序渐进地进行学习、思考。在每章最后附有“评一评”环节，这既是学生对自己学习情况的了解，也是指导教师对学生掌握本章内容情况的一个评价。本书内容尽可能结合专业，紧贴市场，重在应用，文字简练，图文并茂，操作性强。

本书附一本配套用的《钳工实习操作练习册》。

全书由湖南交通职业技术学院陈秀华高级工程师担任主编（学习情境 2～学习情境 5），沈锦副教授担任主审，甘辉副教授（学习情境 7、学习情境 8）、卢建讲师担任副主编（学习情境 1、学习情境 6），李秋艳、刘智婷等参编。本书在编写过程中得到了仇雅莉副教授的指点，也得到湖南交通职业技术学院领导和其他老师们的积极支持与帮助，在此一并表示感谢。

由于作者水平有限，在编写过程中难免会有不足之处，敬请读者和专家指正。

编　者

目　　录

学习情境1　钳工常用设备、量具的认识

学习目标：

通过本学习情境的学习，你将做到：

1）能够描述钳工常用设备、量具的功用，并能使用它们。

2）能够了解常用设备、量具的工作原理。

3）能够使用、拆卸、安装和校准常用设备和量具（如果需要的话）。

情境描述：

某钳工实习工厂，有各种钳工操作设备和量具。要求同学们：

1）能够认识钳工桌、台虎钳、砂轮机、钻床。

2）能够完成台虎钳、砂轮机、台式钻床和立式钻床的日常维护保养工作。

3）能够认识各种量具并会用量具正确测量零件。

相关知识：

想一想：

1）什么是钳工？他们的工作内容是什么？常用的设备有哪些？如何操作？

2）钳工在工作时，是如何控制加工量的？常用量具如何使用？

1.1　概述

钳工是一个在实际操作中以手工工具为主，辅之以其他机械、设备对金属材料进行加工作业的工种。它具有技术性强、灵活性大、手工操作多、工作范围广等特点，其工作质量的好坏直接取决于操作者技术水平的高低。

钳工在操作中对被加工对象的加工量的控制主要是借助于量具和经验。因此，量具的使用、调整和养护是钳工所必须掌握的基本技能之一。

钳工按工作内容及性质一般分为钳工（普通钳工）、工具钳工（模具钳工）和机修钳工三类。各类钳工所使用的手工工具基本相同，但经常使用的机械、设备则有较大差异，其中各类钳工均使用的设备是钳工桌、台虎钳、砂轮机和钻床。

钳工在工作时利用工具、设备对工件进行加工。为保证被加工工件满足精度要求，通常需根据技术要求的不同而使用不同的量具来对加工量进行控制。

1.2 钳工常用设备

在实际生产过程中，钳工常用的设备主要有钳工桌、台虎钳、砂轮机和钻床等。

1. 钳工桌

钳工桌是钳工在工作过程中主要的工作平台。在钳工桌上安装有台虎钳，并可放置工具和工件(图1-1a)。为了保证正常操作，其高度约为800～900mm，使装上台虎钳后操作者工作时的高度比较合适。一般多以钳口高度恰好与操作者肘部平齐为宜，即操作者将肘放在台虎钳最高点并半握拳，此时拳面刚好抵其下颚(图1-1b)。

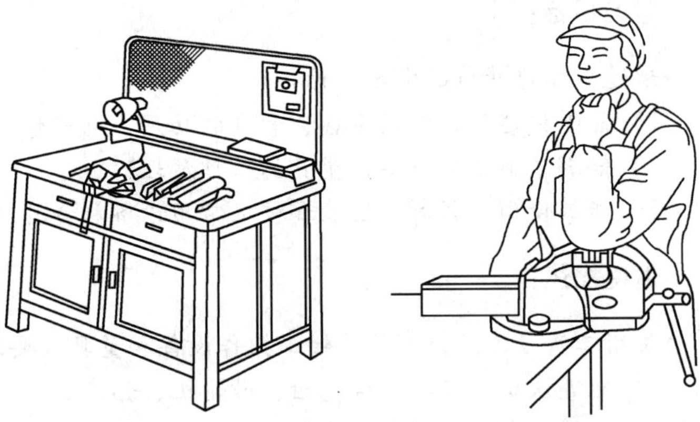

a)　　b)

图1-1　钳工桌

操作者在使用钳工桌进行操作时，应注意以下诸项：

1）操作者对面不能有人，如不能避免，则在钳工桌上应安装密度适当的安全网。

2）每次操作时，桌面上只摆放当时使用的工具、量具，并且工具、量具要分开摆放，不能混放，也不要伸出桌沿。

3）钳工桌要保持清洁，在每次操作完毕后应及时对桌面、工具、量具等进行清理擦拭，地面也要及时进行清扫。

4）钳工桌的桌面，不能作砧板使用，应在专用砧板上进行操作。

2. 台虎钳

台虎钳是用来夹持工件以便于对工件进行加工的通用夹具，其结构形式有固定式和回转式两种类型。图1-2a、b为回转式，其中图1-2a中的台虎钳带有砧座；图1-2c为固定式。由于回转式台虎钳可以使钳身回转，完成不同方位的加工，使用较方便，故被广泛使用。

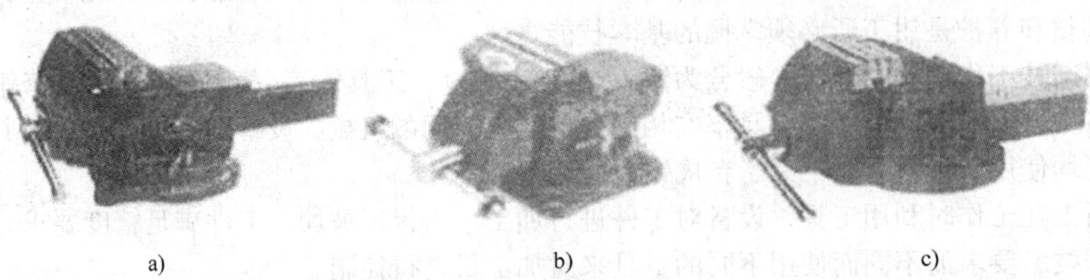

a)　　b)　　c)

图1-2　台虎钳

回转式台虎钳结构原理如图1-3所示。台虎钳的主体部分用铸铁制造，它由固定钳身6

和活动钳身3组成。活动钳身通过方导轨可以在固定钳身的导轨孔中作滑动。在固定钳身内装有螺母7与螺杆2配合，螺杆上又固定有销11及挡圈12，通过弹簧13与活动钳身相连。这样当转动手柄1时，带动螺杆一起转动，由于螺母固定不动，螺杆就要作轴向移动，在销、固定挡圈及弹簧的作用下，带动活动钳身相对于固定钳身产生移动，起加紧或松开工件的作用。特别是在松开工件时，在弹簧力的作用下，可使活动钳身及时地退出。为了使工件装夹得较可靠，在固定钳身及活动钳身上都装有带交叉纹路并经过淬火处理的钢质钳口4，通过螺钉5固定在钳身上，这就使工件在被夹紧后不易滑动，且钳口具有较好的耐磨性。当夹持的工件是精加工表面时，为避免工件表面被夹伤，通常将钢质钳口换成软钳口或加钳口铁(纯铜片或铝片制成)盖在钢钳口上。固定钳身装在转座9上，并能绕转座轴心转动，当转到所需位置时，扳动手柄8使夹紧螺钉旋紧，便可在夹紧盘10的作用下把固定钳身紧固。转座上有三个螺栓孔，用以通过螺栓与钳工台(桌)固定。

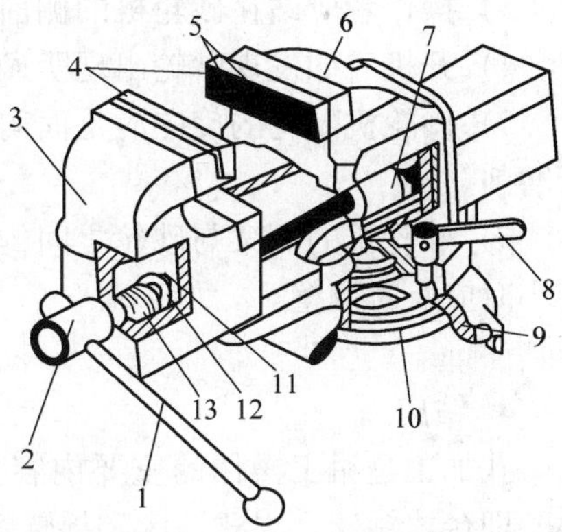

图1-3　回转式台虎钳结构原理图
1—转动手柄　2—螺杆　3—活动钳身
4—钢质钳口　5—螺钉　6—固定钳身
7—螺母　8—扳动手柄　9—转座
10—夹紧盘　11—销　12—挡圈
13—弹簧

台虎钳安装到钳工桌上时，必须使固定钳身的钳口处于钳工桌边缘以外，以保证能够垂直夹持长条形工件。

操作者在使用台虎钳时，应注意以下诸项：

1）用台虎钳夹持工件时，松紧要适度，旋动手柄时，不能使用加力工具。

2）在台虎钳上进行操作时，主要作用力应朝向固定钳身。

3）除了带有砧座的台虎钳可在砧座上进行操作外，台虎钳的钳口、钳身不能用作砧板。

4）每次操作完毕，应及时进行清理，并应定时对台虎钳进行保养。

3. 砂轮机

砂轮机(图1-4)是一种磨削机具。钳工通常用来刃磨刀具或一些工具，也用来对坯料进行初步成形加工，以及除去工件或材料上的毛刺、锐边、氧化皮等。

砂轮机主要由电动机、砂轮和机体组成。其工作部分是砂轮。由于砂轮机的砂轮质地硬而脆，工作时转速高，所以使用不当则易发生危险。

操作者在使用砂轮机时应注意以下诸项：

1）开机以后应等片刻，待砂轮转速稳定后再进行操作。

2）被磨削件应在砂轮的中心线略偏上的区域进行磨削，力度应从轻到重，避免撞击。

图1-4　砂轮机

3）操作者应站在砂轮机的侧前方，避开砂轮机的正面。

4）开机后如发现砂轮出现明显的跳动，应及时用金刚笔进行修整。

5）砂轮机砂轮的旋向应是面向操作者由上向下旋转（图 1-4），如果旋向不对，不能进行磨削。

6）砂轮机的搁架与砂轮之间的距离，一般应保持在 3mm 以内，并且当砂轮磨损后直径变小时应及时调整。

4. 钻床

孔加工是钳工操作的重要内容。在此作业中钳工使用的机具称为钻床。常用钻床有三类，即台式钻床、立式钻床和摇臂钻床。

（1）台式钻床　台式钻床简称台钻。它是一种安放在作业台上、主轴垂直布置的小型钻床。其最大钻孔直径为 13mm，常见结构如图 1-5 所示。

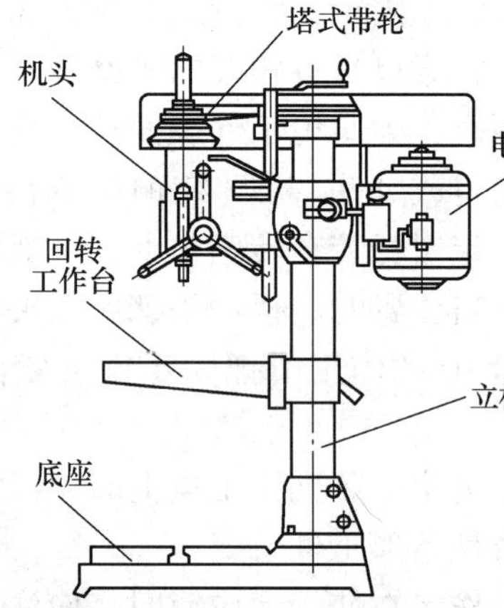

图 1-5　台式钻床

台钻由机头、电动机、塔式带轮、立柱、回转工作台和底座等组成。电动机和机头上分别装有五级塔式带轮，通过改变 V 带（V 形传动带）在两个塔式带轮中的位置，可使主轴获得五种转速，机头与电动机连为一体，可沿立柱上下移动以及绕立柱水平转动，根据需钻孔工件的高度和孔的位置，将机头调整到适当位置后，通过锁紧手柄使机头固定，即可进行钻孔作业。回转工作台可沿立柱上下移动，或绕立柱轴线作水平转动，也可在水平面内作一定角度的转动，以便钻斜孔时使用，在回转工作台上有两条调整槽，用来装置夹具；对于相对较大、较重的工件，在进行钻孔作业时，可将回转工作台转到一侧，而直接将工件置于底座上进行加工。底座上面是一工作面，有两条 T 形槽，用来装置夹具；在其下部四角有安装孔，用以固定整机。

（2）立式钻床　立式钻床简称立钻，如图 1-6 所示。主轴变速箱和工作台安置在立柱上，主轴垂直布置。

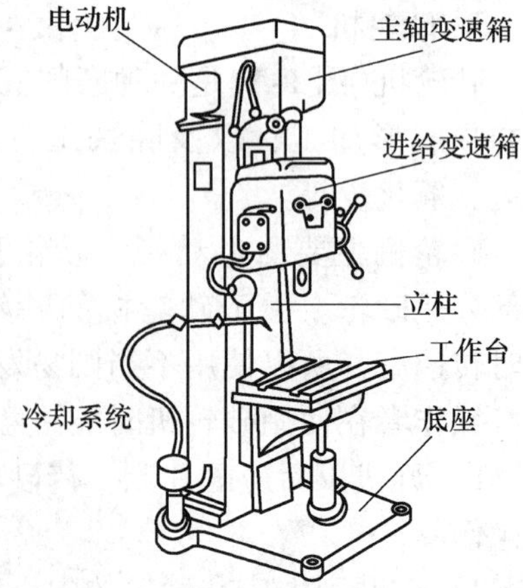

图 1-6　立式钻床

立钻刚性好、强度高、功率较大，最大钻孔直径有 25mm、35mm、40mm 和 50mm 等几种。立钻可用来进行钻孔、扩孔、镗孔、铰孔、攻螺纹和锪端面等。

立钻由主轴变速箱、电动机、进给变速箱、立柱、工作台、冷却系统和底座等组成。电动机通过主轴变速箱驱动主轴旋转，改变变速手柄位置，可使主轴得到多种转速。通过进给变速箱，可使主轴得到多种机动进给速度，转动手柄可以实现手动进给。工作台上有 T 形槽，用来装夹工件或夹具。工作台能沿立柱导轨上下移动，根据钻孔工件的高度，适当调整工作台位置，然后通过压板、螺栓将其固定在立柱导轨上。底座用来安装和固定立钻，并设有储液箱，为孔加工提供切削液，以保证有较高的生产效率和孔的加工质量。

（3）摇臂钻床　摇臂钻床是一种用来对大中型工件进行在同一平面内、不同位置的多孔系加工（钻孔、扩孔、锪孔、镗孔、铰孔、攻螺纹和锪端面等）的一种大型机械，如图1-7所示。

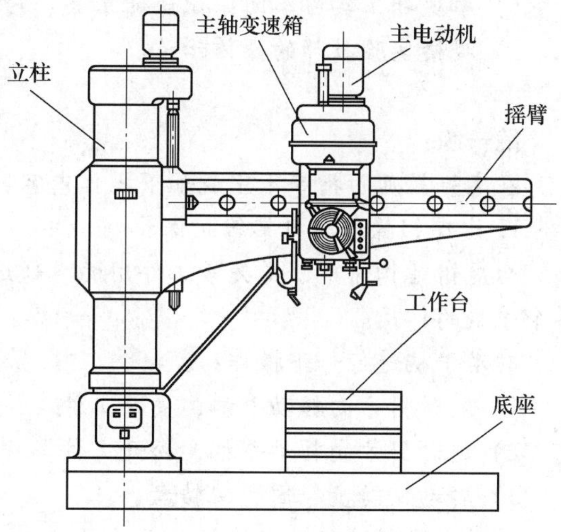

图1-7　摇臂钻床

摇臂钻床主要由摇臂、主电动机、立柱、主轴变速箱、工作台、底座等部分组成。主电动机旋转直接带动主轴变速箱中的齿轮系，使主轴得到十几种转速和进给速度，可实现机动进给、微量进给、定程切削和手动进给。主轴变速箱能在摇臂上移动，以加工同一平面上相互平行的孔系。摇臂在升降电动机驱动下能沿立柱轴线任意升降，操作者可手拉摇臂绕立柱作360°任意旋转，根据工作台的位置，将其固定在适当角度。工作面上有多条T形槽，用来安装中小型工件或钻床夹具。大型工件加工时，可将工作台移开，工件直接安放在底座上加工，必要时可通过底座上的T形槽螺栓将工件固定，然后进行加工。

使用摇臂钻时要注意：主轴变速箱或摇臂移位时，必须先松开锁紧装置再移位，移位后要确认锁紧后再使用。因钻床没有汇流环装置，故操作者手拉摇臂回转时，不能总沿一个方向连续回转。操作结束后，必须将主轴变速箱移至摇臂的最内端（靠近立柱一侧），以保证摇臂的精度，并将摇臂降至最低点，旋回底座正上方。

操作者在使用钻床时，应注意以下诸项：

1）严禁戴手套操作钻床。

2）在钻床工作时，要及时用毛刷清理切屑，严禁用手或其他柔软可缠绕性物品进行清理，更不能用嘴吹。

3）检查所需的工、夹、量具是否齐全。

4）工件装夹应牢固可靠，特别要注意夹具的压夹方向。

5）手动进给时要逐渐增压或逐渐减压，不可用力过猛，特别是在操作初始和即将结束时。

6）钻头上如绕有长切屑时，应停止进给，退出钻头后再继续或停机用刷子或铁钩将铁屑清除。

7）在操作过程中要及时供给冷却、润滑液。

8）刃具旋转时，不得用手摸刃具或翻转、夹压以及测量工件。

9）摇臂钻床的摇臂回转范围内不得有障碍物，工作前摇臂必须夹紧。摇臂和工作台上不能存放其他物体。

10）工作结束后，要及时清理切屑，擦净溢出的冷却、润滑液，包括工作面以及地面，对于摇臂钻，应将摇臂降低到最低位置，主轴箱靠近立柱，并且要夹紧。

认一认：

1）参观钳工实习车间，识认钳工桌、砂轮机和钻床。

2）观察实验教师的操作示范。

练一练：

在实验教师的指导下完成如下操作内容：

1. 台虎钳操作与日常维护保养

台虎钳结构简单，是夹紧工件用的。通过对台虎钳进行拆装，在实践中了解结构，熟悉各个手柄的作用。

转动手柄进行如下操作：

1）顺时针方向转动手柄，夹紧工件。

2）逆时针方向转动手柄，松开工件。

3）转动回转盘、固定回转盘。

并对台虎钳进行日常维护保养练习。

2. 砂轮机的操作与日常维护保养

了解砂轮机的结构，调整托架，使其与砂轮的距离不大于3mm，然后进行磨削练习，并进行更换砂轮和砂轮机的维护保养练习。

3. 台式钻床操作练习

1）了解台式钻床的结构，熟悉各个手柄的作用，并进行润滑练习。

2）主轴由高速到低速进行逐级变速练习。

3）练习手动进给，逐步掌握匀速进给。

4）工作台升、降及固定练习。

5）单项操作熟练后，可进行钻头的装夹及空转练习。

4. 立式钻床操作练习

1）了解立式钻床的结构，熟悉各个手柄的操作。

2）主轴变速练习。

3）手动进给变速练习。

4）机动进给变速练习。

5）钻头装夹，主轴空转和机动进给练习。

当立式钻床工作一段时间后，要对设备进行一次一级保养。保养内容及标准见有关设备保养要求。

1.3 钳工常用量具

钳工在工作时，需随时掌握对工件的加工情况，控制加工量，以确保被加工件的精度符合设计要求，要做到这点，就必须对被加工件进行测量。那些被用来测量被加工件的用具称为量具。钳工常使用的量具有游标卡尺、千分尺、游标万能角度尺、百分表、金属直尺、刀口形直尺、刀口直角尺和塞尺等，如图1-8所示。

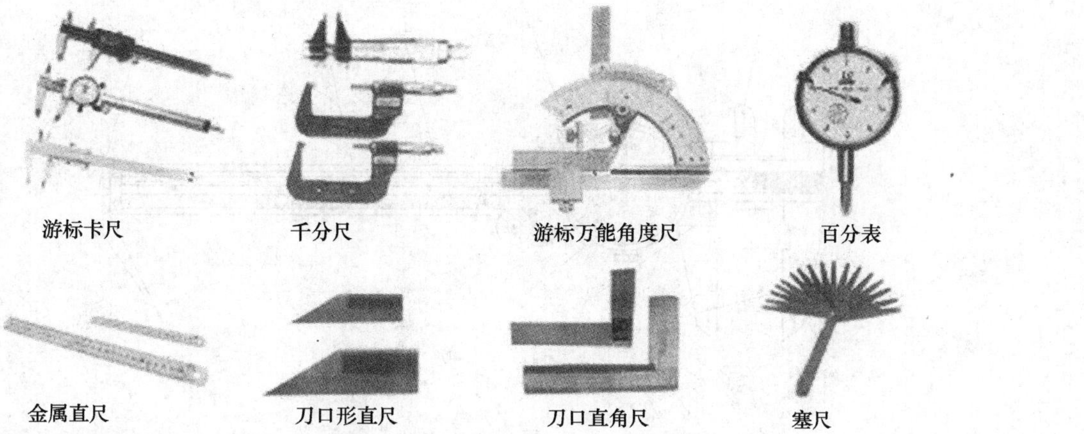

图1-8　钳工常用量具

常用量具的使用如下所述：

1. 游标卡尺

（1）游标卡尺的分类　游标卡尺按读数形式分为：读格式（简称卡尺，见图1-9）、带表式（简称带表卡尺，见图1-10）和电子数显式（简称数显卡尺，见图1-11）。游标卡尺按用途分为通用游标卡尺、深度游标卡尺（图1-18）和高度游标卡尺（图1-19）。尽管游标卡尺的种类

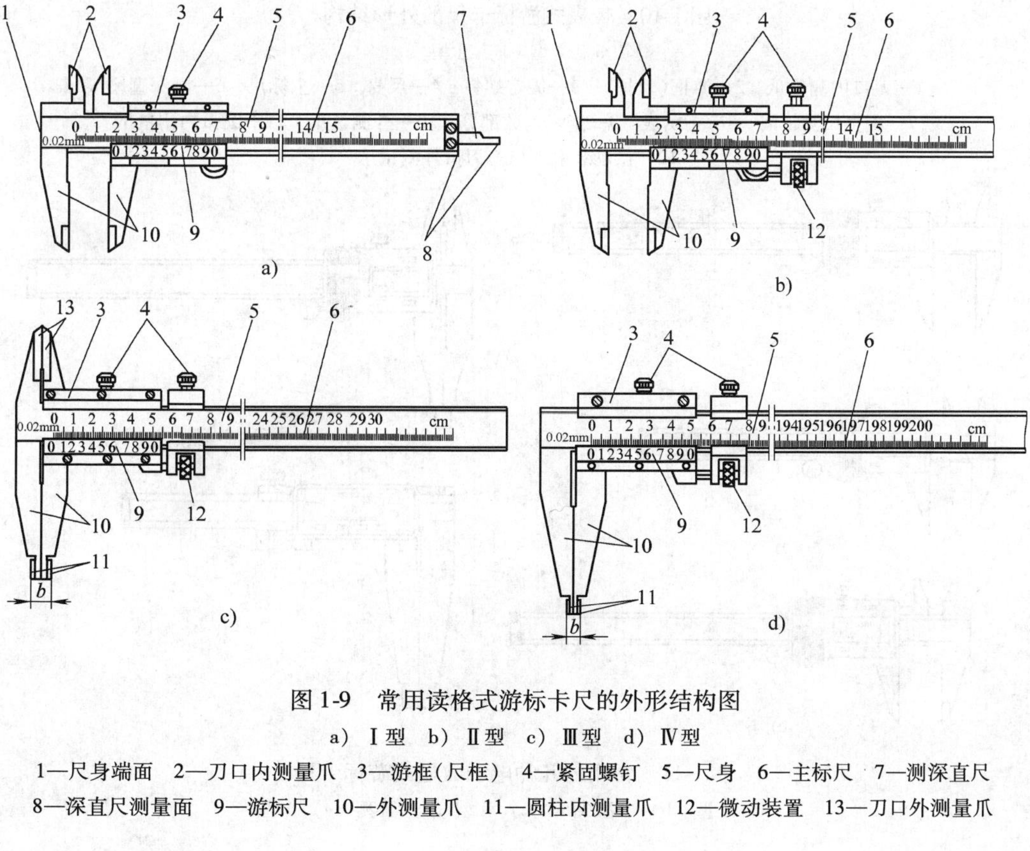

图1-9　常用读格式游标卡尺的外形结构图

a）Ⅰ型　b）Ⅱ型　c）Ⅲ型　d）Ⅳ型

1—尺身端面　2—刀口内测量爪　3—游框（尺框）　4—紧固螺钉　5—尺身　6—主标尺　7—测深直尺　8—深直尺测量面　9—游标尺　10—外测量爪　11—圆柱内测量爪　12—微动装置　13—刀口外测量爪

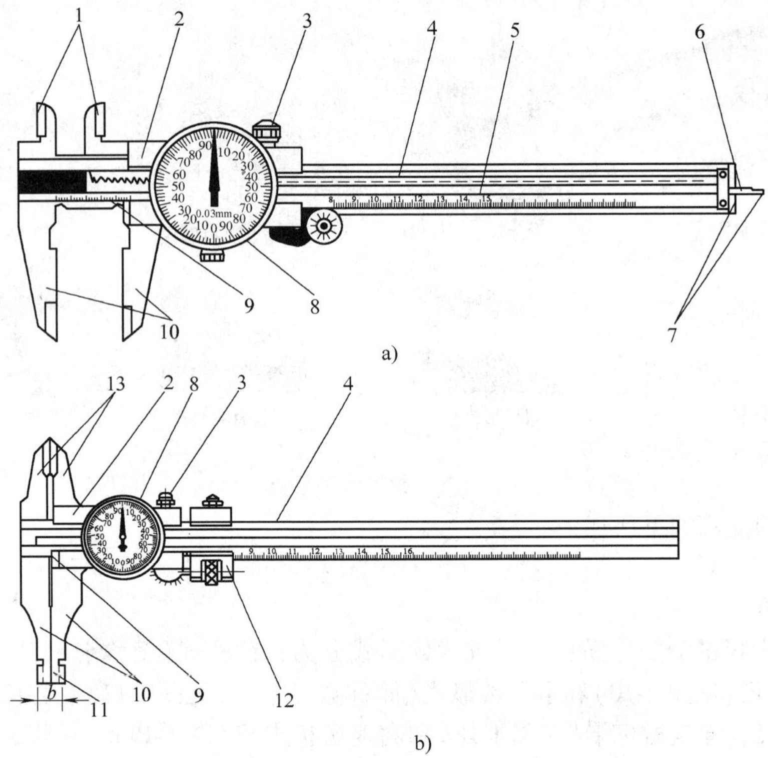

图 1-10　带表式游标卡尺的外形结构

a）Ⅰ型　b）Ⅱ型

1—刀口内测量爪　2—游框(尺框)　3—固定螺钉　4—尺身　5—主标尺　6—测深直尺　7—深直尺测量面　8—指示表　9—毫米读数部分　10—外测量爪　11—圆弧内测量爪　12—微动装置　13—刀口外测量爪

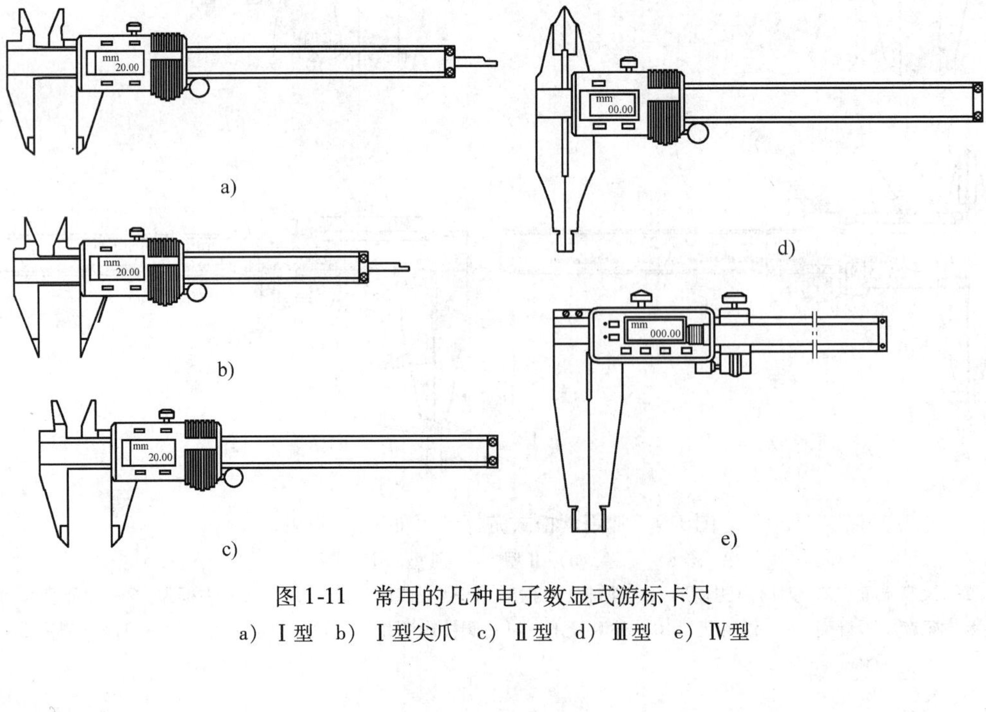

图 1-11　常用的几种电子数显式游标卡尺

a）Ⅰ型　b）Ⅰ型尖爪　c）Ⅱ型　d）Ⅲ型　e）Ⅳ型

繁多，但其测量原理是完全相同的，使用方法及其注意事项也大体相同。下面以通用游标卡尺为例来进行介绍。

（2）游标卡尺的结构　游标卡尺的的主体是一个尺身(读格式卡尺尺身上有刻度)，其上有固定测量爪。沿着尺身可移动的部分称为游框。游框上有活动测量爪，并装有指示表(带表式)、液晶显示屏(电子数显式)或游标(读格式)和紧固螺钉。在尺身上滑动游框可使两测量爪的距离改变，以完成不同尺寸的测量工作。

（3）使用前的检查和有关要求

1）对外观和相关部件的检查。在使用卡尺之前，必须首先仔细检查其外观和相关部件是否符合要求。检查项目和应达到的要求如下：

① 卡尺的刻度线和数字应清晰。

② 不应有锈蚀、磕碰、断裂、划伤或其他影响使用性能的缺陷。

③ 用手轻拉或推尺框，游框在尺身上移动应平稳，不应有阻滞或松动现象。紧固螺钉的作用应可靠。

④ 用手摸测量面，检查是否有毛刺，并凭手感检查测量面的粗糙度是否符合要求。

⑤ 经上述检查符合要求后，用干净的布或纸擦净测量爪的测量面，然后推动游框，使两测量面接触。观察两测量面之间的间隙是否符合要求。如有间隙，则要判断间隙的大小数值。不同分度值的卡尺其允许的两测量面之间的间隙是不同的，见表1-1。

表1-1　游标卡尺两测量面之间间隙的允许值

游标分度值/mm	外测量爪两测量面合并间隙允许值/mm	游标分度值/mm	外测量爪两测量面合并间隙允许值/mm
0.02	0.006	0.10	0.01
0.05	0.01		

判断两测量面之间间隙的方法如下：

用干净的布条或棉团(有必要时沾少许酒精)擦净两外测量爪的测量面，然后将外测量爪两测量面合并后，对着光线(自然光或灯光)观察，如果两测量面间露出一束光，则说明两测量面之间的间隙已经大于0.01mm；若漏光呈“八”字形，则说明两测量面不平行。如图1-12所示。

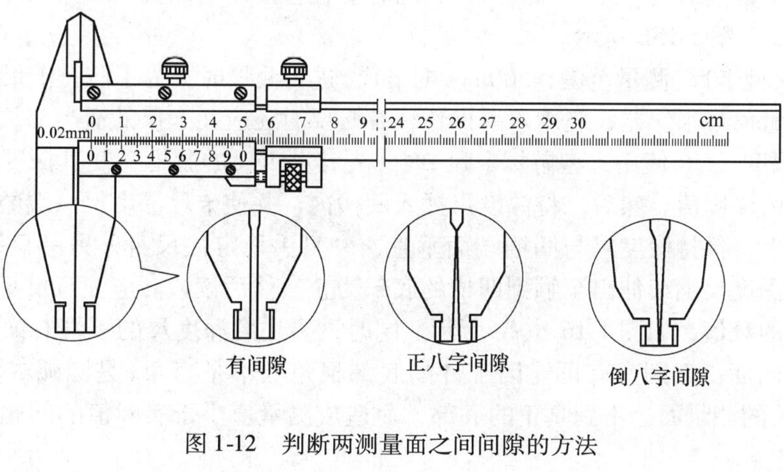

图1-12　判断两测量面之间间隙的方法

间隙值超过规定的要求，或两测量面不平行的卡尺不得使用，应送交专业人员修理。

2）校对“0”位。正式测量前，必须校对卡尺的“0”位是否准确。具体方法如下：

① 用干净的布条或棉团(有必要时沾少许酒精)擦净两外测量爪的测量面。

② 推动游框，使外测量爪两测量面紧密接触后，观看游标尺的“0”刻线与主尺的“0”刻线是否对齐，游标尺的尾刻线(最末一根刻线)与主尺的相应刻线是否也对齐。如图1-13所示，若上述两处都对齐，说明“0”位准确，否则说明“0”位不准确。“0”位不准确的卡尺不能使用。

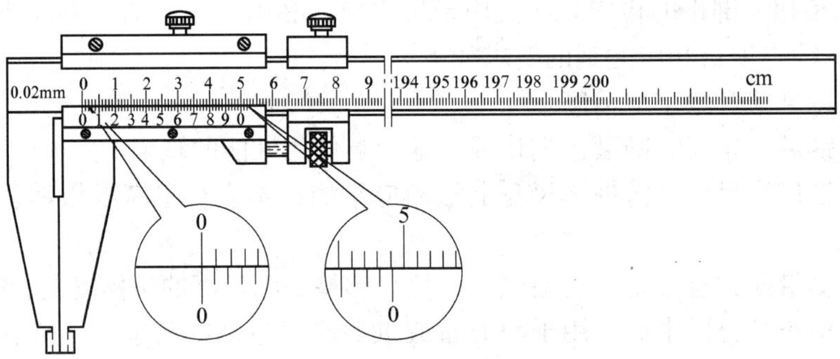

图 1-13 游标卡尺校对“0”位

(4) 游标卡尺的使用方法

1）无论测量外尺寸还是测量内尺寸，只要测量条件允许，都不要只使用测量爪的部分测量面进行测量，否则不仅会加速测量爪的磨损，而且还会产生较大的测量误差，如图1-14a和b所示。

2）测量外尺寸(特别是外径尺寸)时，应先将两个外测量爪之间的距离调整到大于被测尺寸，待推入被测部分后再轻轻推游框，使两个外测量爪接触到被测量面。在两个外测量爪接触到被测量面后，推动游框的拇指加少许力，同时要轻轻摆动卡尺以找到最小尺寸点，然后再读数，如图1-14c和图1-15a所示。

测量内尺寸(特别是内径尺寸)时，应先将两个内测量爪之间的距离调整到小于被测尺寸，待推入被测部位后再轻拉游框，使两个内测量爪接触到测量面。在两个内测量爪接触到测量面后，拉动游框的拇指加少许的拉力，同时要轻轻摆动卡尺找到最大尺寸点，然后再读数，如图1-14d和图1-15b所示。

3）使用大型卡尺(测量范围≥500mm的卡尺)进行测量时，为了防止卡尺因自身重力造成的变形给测量值带来误差，应用双手操作，有必要时还应在卡尺的适当部位进行支撑。

4）测量深度尺寸(使用Ⅰ型游标卡尺)时，先移动卡尺的游框，使其深度尺伸出的长度略小于要测量的深度值。然后，将深度尺插入凹槽内，并使卡尺深度尺一端的尺身端面抵靠在凹槽的外沿上，保持深度尺与凹槽端面垂直，一只手稳定住尺身，另一只手轻拉(或推)卡尺游框，使深度尺继续伸出至触到凹槽的底部为止，然后读数。应注意尺身不要歪斜，否则将得出错误的数值，如图1-16 b、c所示。同时，要注意深度尺的下端有缺口的一面应靠在被测工件的侧面，否则，有可能因工件的底部根角处不是直角(是圆弧或其他不规则形状)，使深度尺的测量面达不到真正的底部，而造成测量值小于实际值的问题，如图1-16d、e所示。

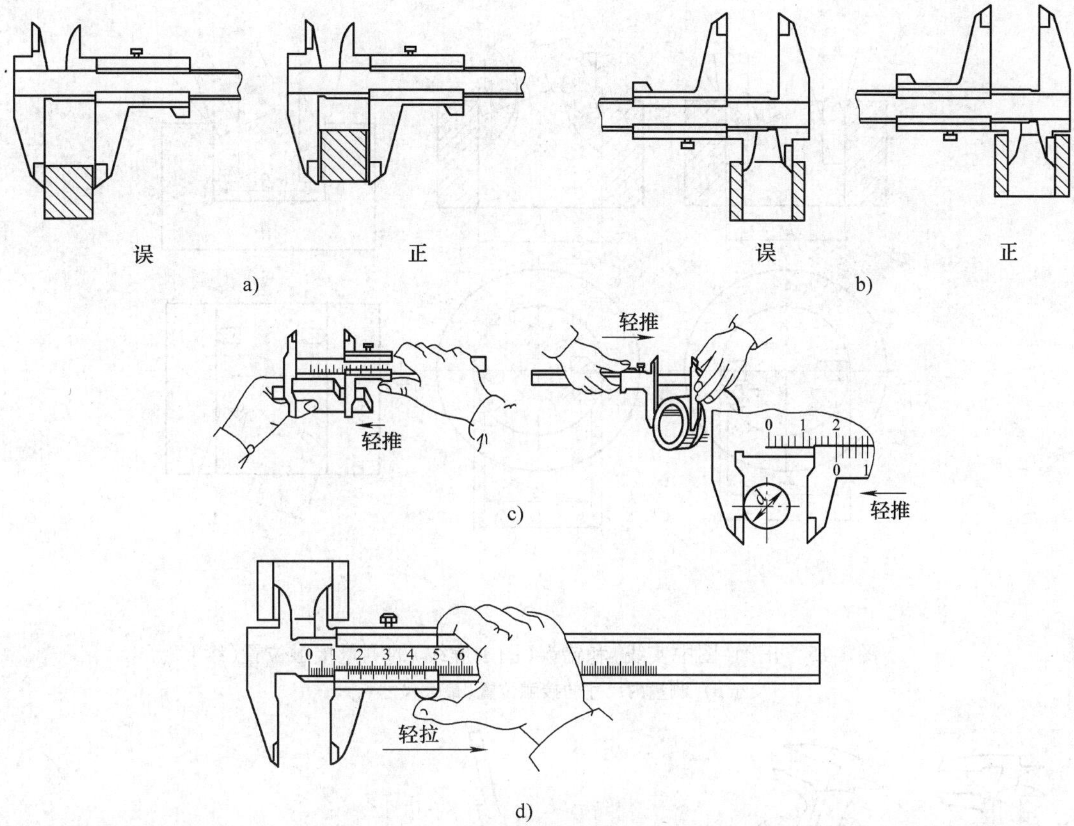

图 1-14　正确使用和错误使用卡尺的示例

a）测量外尺寸的接触情况　b）测量内尺寸的接触情况　c）测量外径尺寸应轻轻推到与测量面接触并找到最小尺寸点　d）测量内径尺寸应轻轻拉到与测量面接触并找到最大尺寸点

（5）游标卡尺的读数方法　在测量调整准确后，应尽可能地在卡尺处于测量状态下读出测量值，然后再拉动（测量外尺寸时）或推动（测量内尺寸时）游框，使测量爪离开被测面后，再小心地将卡尺退出。若不使测量爪离开测量面就强行退出，则会损伤测量爪或被测工件的测量面。对于较大的工件或按上述方法较难读出测量数值时，应用紧固螺钉将游框固定后，再轻轻地退出卡尺，读出数值。

下面介绍观看和计算普通游标卡尺测量读数（刻度）的方法。

1）看游标尺的“0”刻线左边主尺上第一条刻线的数值，该值即为测量值的正数部分。

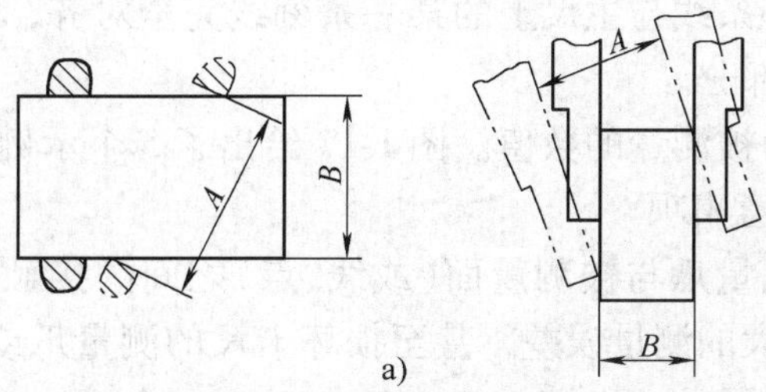

图 1-15　正确（图中实线）和错误（图中虚线）的测量接触位置

a）测量外尺寸的接触位置（最小接触点）

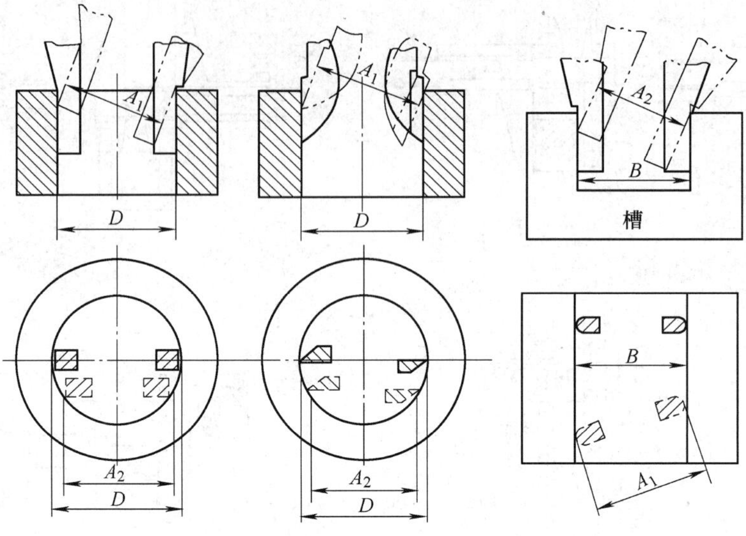

b)

图 1-15　正确(图中实线)和错误(图中虚线)的测量接触位置(续)

b) 测量内尺寸的接触位置(最大尺寸点)

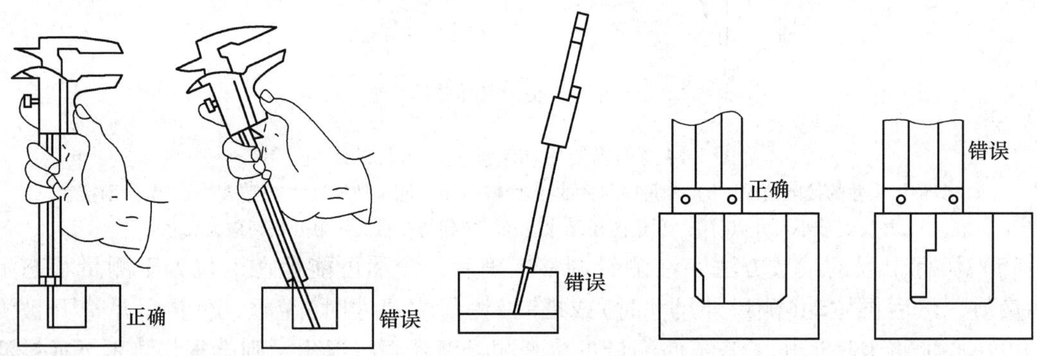

a)　b)　c)　d)　e)

图 1-16　用Ⅰ型游标卡尺测量深度

a) 测量深度的正确方法　b) 测量深度的错误的位置(歪斜 1)　c) 测量深度的错误位置(歪斜 2)
d) 深度尺的正确位置　e) 深度尺的错误位置

2) 看游标尺刻线中哪条线与主尺上的某一条刻线完全对齐，则游标尺的这条刻线所示的刻度即为测量值的小数部分。

3) 上述两数之和即为被测量的数值。图 1-17 给出了 5 个示例。

(6) 使用和保养的注意事项

1) 测量时，应注意测量爪与被测量面(或线、点)之间的接触，既要紧密，又不会因所施加的压力过大而造成较大的测量误差，甚至损坏卡尺的测量爪或被测量工件的测量面(或线、点)。

2) 由于卡尺和被测工件都有热胀冷缩的性能，所以在测量时，应尽可能使卡尺和被测

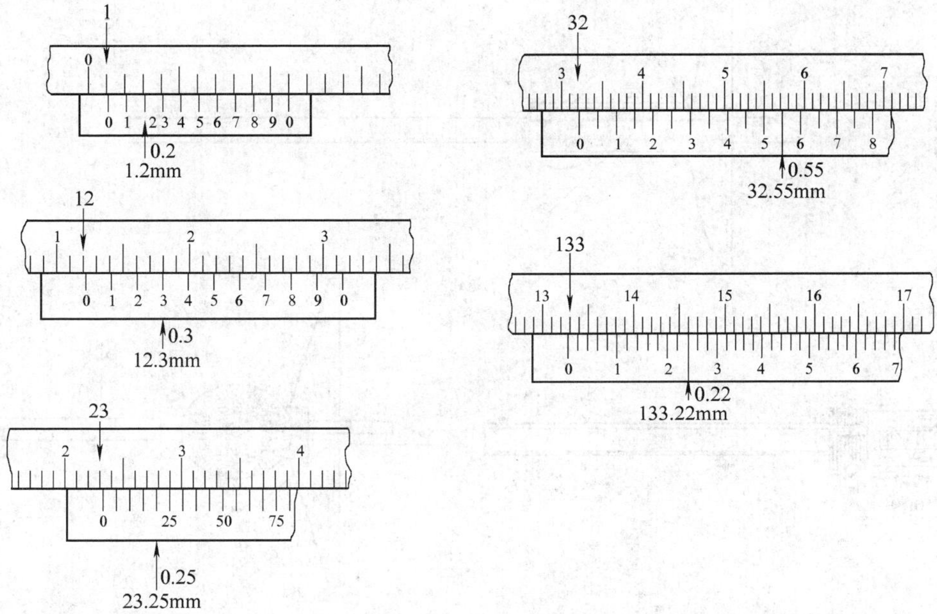

图 1-17　游标卡尺测量读数示例

工件的温度一致，以保证测量值的准确性。

3）测量过程中需临时放置卡尺时，要注意卡尺要水平放置，不要与其他工具放在一起。

4）不准把卡尺当做卡板、扳手使用，或把测量爪当做划线针、圆规等工具使用。

5）使用完毕，应用干净的棉纱将其擦拭干净，放入专用盒内的固定位置盖好，然后置于干燥、无酸碱、无振动、无强磁场的地方。严禁将其与其他工具放在一处。

6）不准用砂纸、砂布等硬物擦卡尺的任何部位。

7）非专业修理人员不得随意拆卸卡尺。

认一认：

1. 识认通用游标卡尺、深度游标卡尺(图 1-18)和高度游标卡尺(图 1-19)。

2. 注意观察实验教师关于各类游标卡尺的使用、操作和读数方法，以及在使用中的注意事项。

练一练：

1）在实验教师的带领下，练习对各类游标卡尺的操作与读数。

2）在实验教师的带领下，对教具进行长度、深度、内径、外径和孔距等的测量，并记录读数。

3）在实验教师的带领下，将使用完毕的游标卡尺收好。

2. 千分尺

千分尺是一种利用螺旋传动原理把螺杆的旋转运动转化成直线位移来进行测量的“测

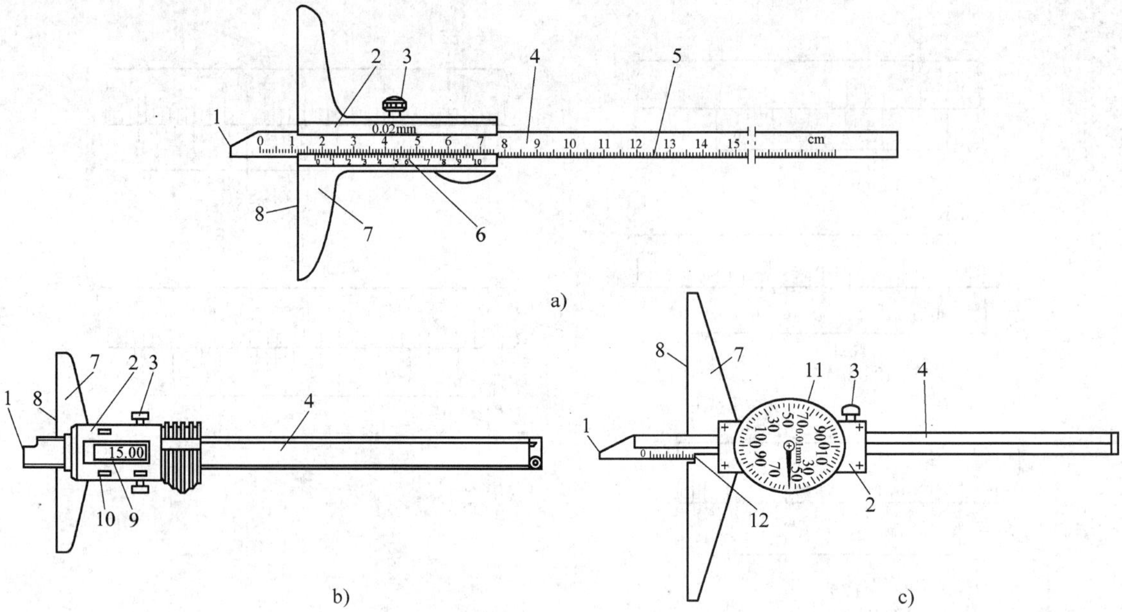

图 1-18　深度游标卡尺

a）普通游标式　b）电子数显式　c）带表式

1—测量面　2—游框(尺框)　3—紧固螺钉　4—尺身　5—主标尺　6—游标尺　7—基座(尺座)

8—基准面　9—数字显示器　10—功能按键　11—指示表　12—读数部位

微量具”。按用途来分千分尺有外径千分尺(图 1-20)、内径千分尺(图 1-21)、内测千分尺(图 1-22)和深度千分尺(图 1-23)。外径千分尺用来测量外径的尺寸，内径千分尺用来测量内径和孔距(径)等内尺寸，深度千分尺用来测量深度、落差等尺寸。按读数方式来分千分尺有：普通式、带表式和电子数显式。

千分尺具有使用方便，读数准确的特点，其测量精度比游标卡尺高，主要用于测量中等精度的零件。常用的外径千分尺有 0 ~ 25mm，25 ~ 50mm，50 ~ 75mm 等多种，最大的可达 2500 ~ 3000mm。千分尺的精度值为 0. 01mm。

千分尺的使用要求如下：

（1）使用前的检查

1）用棉纱将千分尺的各部位表面擦拭干净。然后，检查各部位是否有划伤、锈蚀和影响使用性能的缺陷。

2）擦净测砧的测量面和测微螺杆的测量面。然后旋转棘轮(测力装置)，

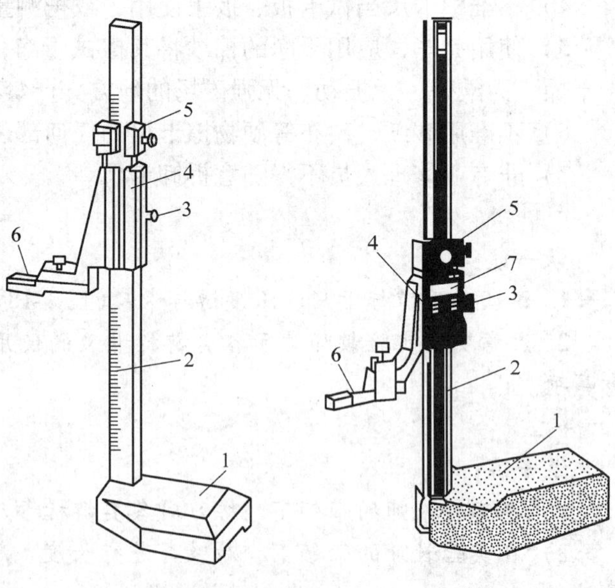

图 1-19　高度游标卡尺

a）普通游标式　b）电子数显式

1—底座　2—尺身　3—紧固螺钉　4—游框(尺框)

5—微动装置　6—测量爪　7—显示器

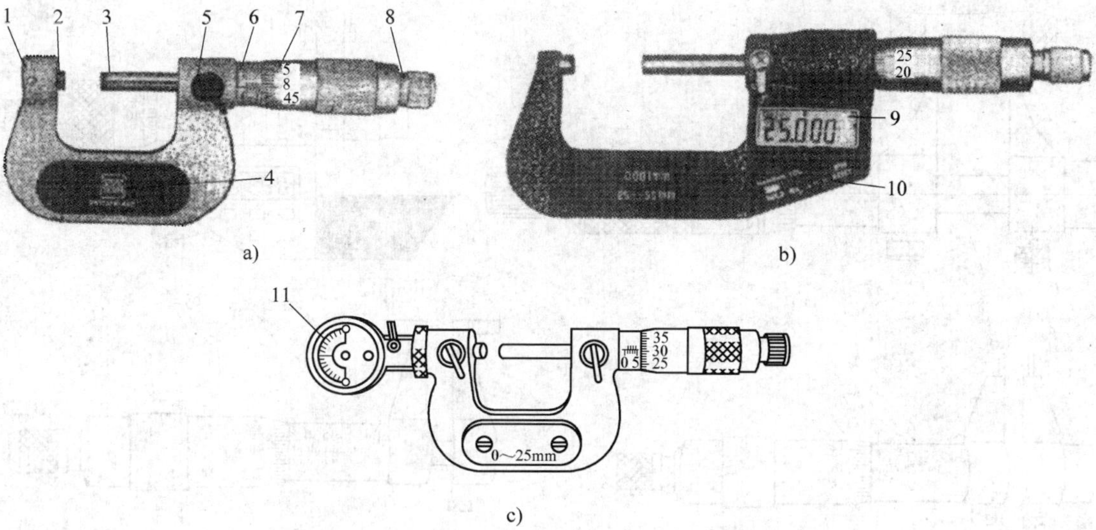

图 1-20 外径千分尺

a）普通式 b）电子数显式 c）带表式

1—尺架 2—固定测砧 3—活动测砧紧固套筒 4—护板 5—锁紧装置 6—固定套筒 7—测微头（微分筒） 8—棘轮（测力装置） 9—显示器（计数器） 10—功能按键 11—指示表

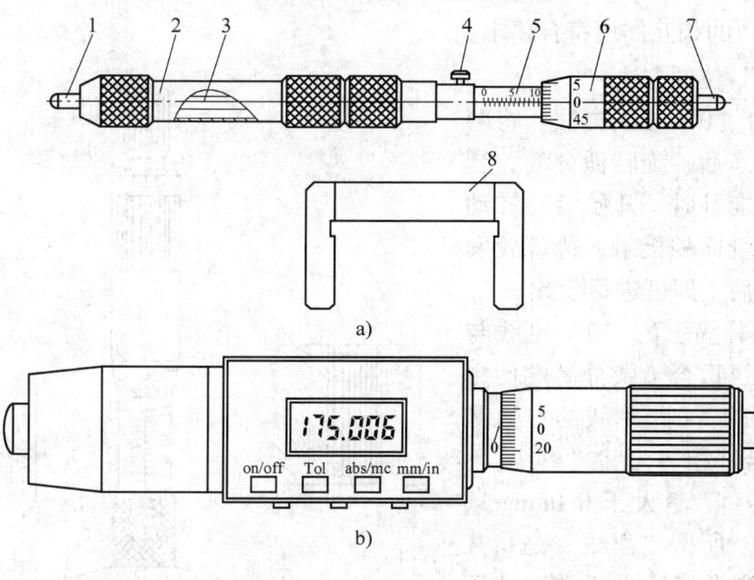

图 1-21 内径千分尺

a）普通机械式 b）电子数显式

1—固定测头 2—接长杆 3—心杆 4—锁紧装置 5—固定套管 6—微分筒（测微头） 7—活动测头 8—校对量具

看它是否轻快灵活地带动微分筒旋转，测微螺杆移动是否平稳，有无卡滞现象，在全量程范围内，微分筒与固定套筒之间有无摩擦；当用手把微分筒固定住，或用锁紧装置把测微螺杆紧固住后，棘轮能带动微分筒灵活地旋转，测微螺杆移动平稳、无卡滞现象，微分筒与固定套筒之间无摩擦，紧住测微螺杆后棘轮能发出“咔、咔”声。满足上述要求时，说明被检

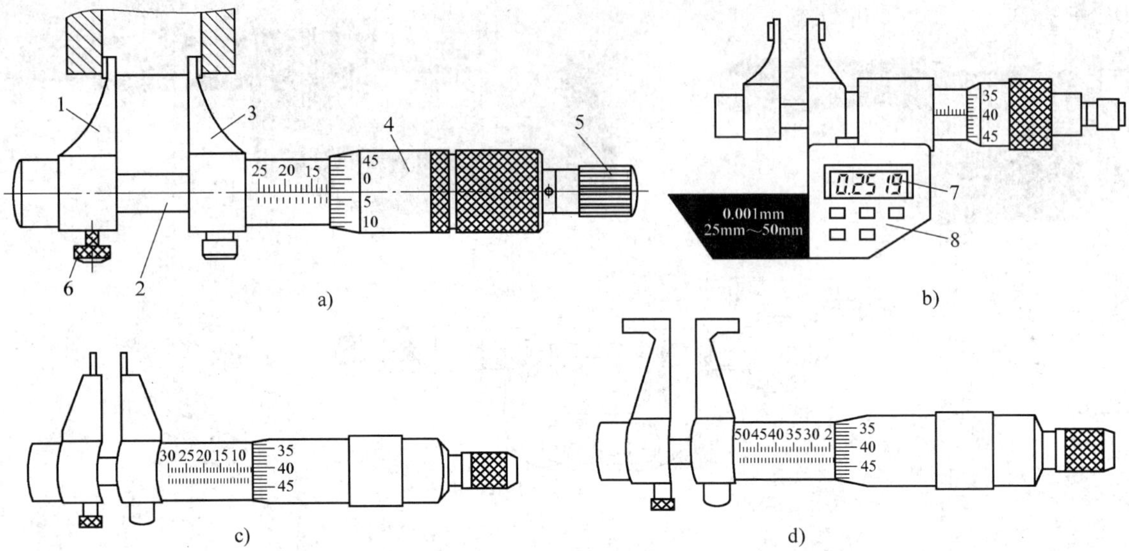

图 1-22　内测千分尺

a）普通机械式　b）电子数显式　c）测小孔径专用　d）测内沟槽尺寸专用

1—活动量爪　2—导向管　3—固定量爪　4　微分筒（测微头）　5—棘轮（测力装置）

6—锁紧装置　7—显示器　8—功能键

查的千分尺各部位的相互作用符合要求。

3）校对“0”位的方法

① 直接校对“0”位的方法。将两个测量面擦拭干净后，旋转微分筒，当两个测量面即将接触时，开始轻轻转动棘轮，使两个测量面相接触，待棘轮发出“咔、咔”声后，即可进行读数。

此时，若微分筒上的“0”刻线与固定套筒上的基线重合，微分筒端面也恰好与固定套筒的“0”刻线的右边缘相切（如果不是恰好相切，允许“离线”不大于 0.1mm，“压线”不大于 0.05mm），则认为 0 位准确。所谓“离线”是指微分筒端面离开固定套筒的“0”线；“压线”是指微分筒端面压住（或称为盖住）固定套筒的“0”线位。

② 用校对量杆或量块间接校对“0”位的方法。对于测量范围大于 25mm 的外径千分尺，应用校对量杆或量块校对“0”位（内径千分尺采用专用卡板）。将校对量杆或量块当做被测工

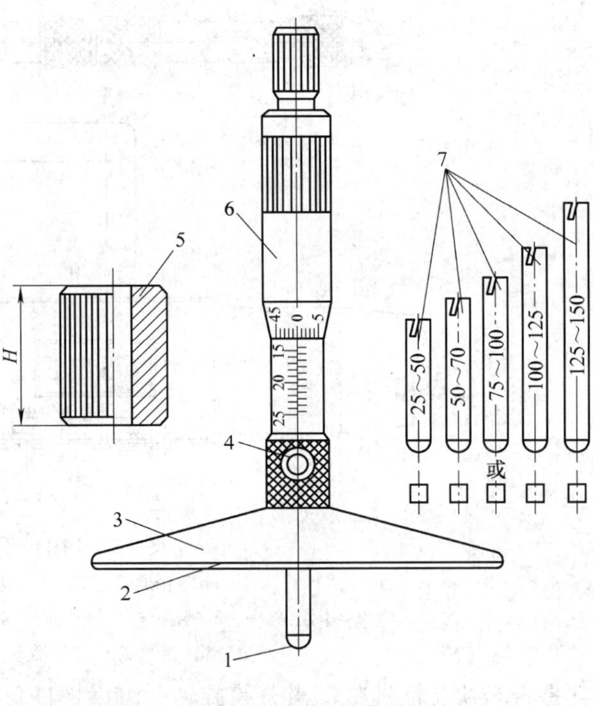

图 1-23　深度千分尺

1—球形测量面　2—底座基准面　3—底座

4—锁紧装置　5—校对用量具　6—微分筒

7—可换测量杆（右球面和平面测量面两种）

件，用要校对“0”位的外径千分尺来测量它们。若测量所得数值与校对量杆或量块的实际标定长度尺寸数值相同，则说明该千分尺的“0”位准确，见图1-24和图1-25。

（2）千分尺的操作和注意事项

1）外径千分尺

① 操作。在使用外径千分尺进行测量时，要先旋动微分筒，使两测量面之间的距离(外尺寸)被调整到略大于被测尺寸后，将千分尺的两个测量面送入到要测量的位置后，再旋动微分筒，使两测量面将要接触被测量点后，开始旋动棘轮(测力装置)，使两测量面密切接触被测量点(此时棘轮发出“咔、咔”声)并读取数据。旋动微分筒和棘轮时，速度不要过快，以防测量面与被测量面发生较强的碰撞而损坏测微螺杆。测量完退尺时，应旋转微分筒，而不要使用旋转棘轮的方法，以防拧松棘轮，影响“0”位，如图1-26所示。

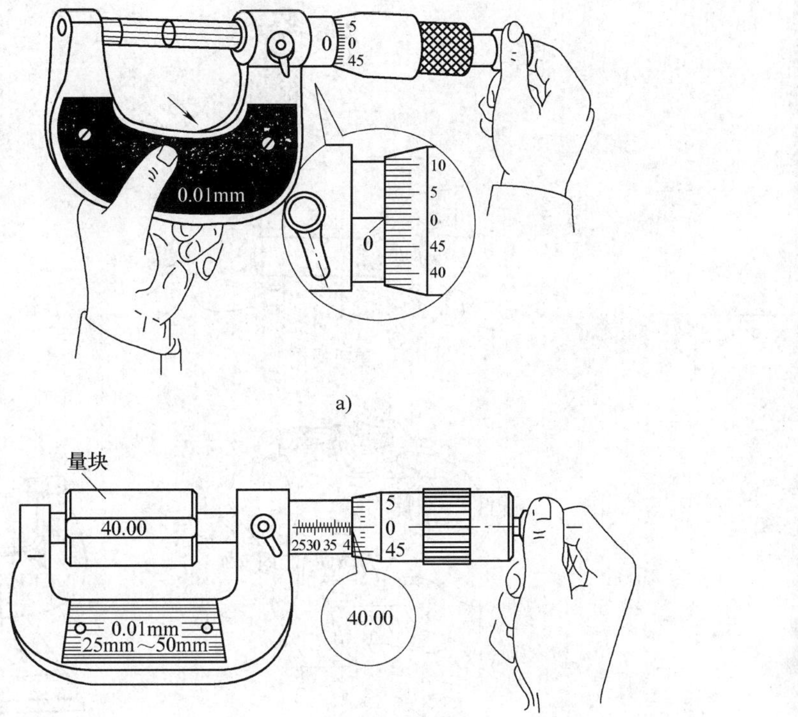

a)　b)

图1-24　校对外径千分尺“0”位的方法

a）直接校对法　b）用校对杆或量块的间接校对法

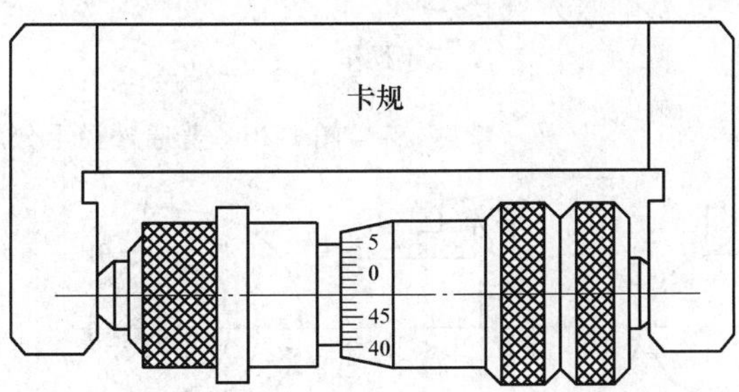

图1-25　校对内径千分尺“0”位的方法

② 注意事项。

a. 正确选择千分尺的规格和精度。

b. 握持千分尺时，要求握在千分尺的护板处。

c. 正确选择测量面的接触位置(图1-27)。

2）内径千分尺

① 操作。

a. 选择接长杆。使用内径千分尺进行测量前，应事先根据被测尺寸的数值，按照接长杆选用表(又称为“接长杆顺序表”，一般存放在千分尺的专用盒内或资料袋中)中的规定选择长度适合的接长杆。

b. 连接接长杆。将选好的接长杆和微分筒相连接。当使用两根或两根以上的接长杆接成更长的接长杆时，要遵守如下原则：将其中最长的接长杆与微分筒直接相接，最短的接长杆放在最后与固定测头相接，中间的接长杆按尺寸长短顺序连接，如图1-28所示。

c. 测量方法。先将千分尺的测量面(测头)和被测量工件的被测量面擦拭干净。旋动微分筒，将内径千分尺的测量范围调整到略小于被测尺寸。然后，先将千分尺的固定测头压在

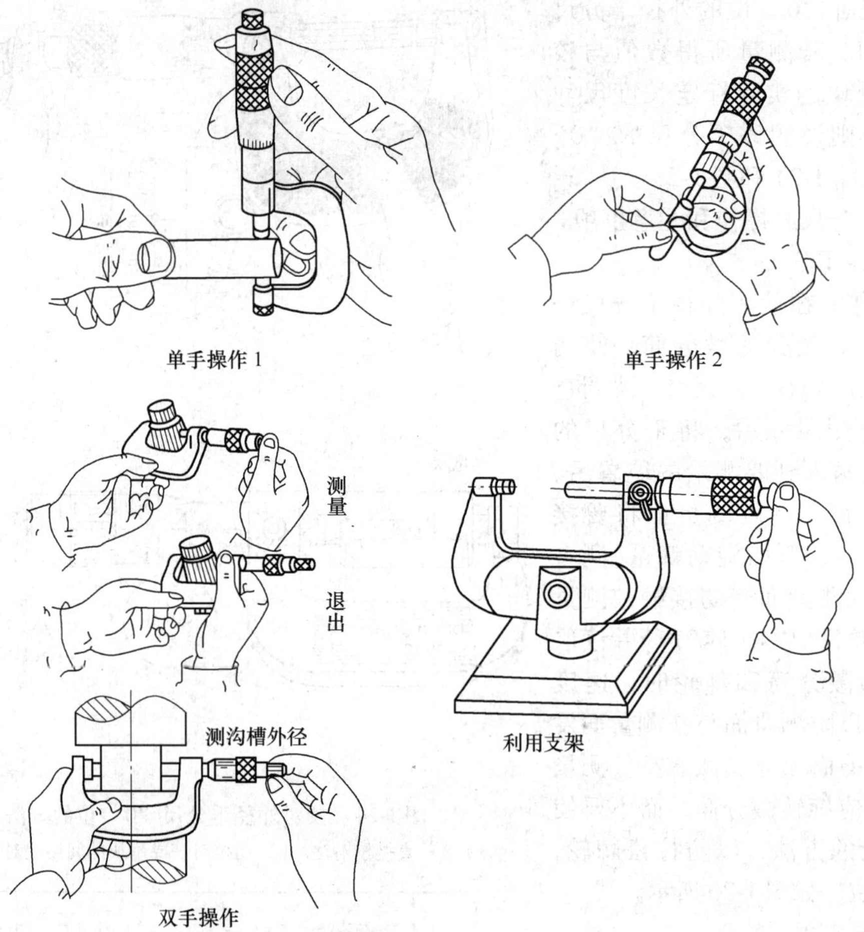

图 1-26　普通外径千分尺的操作方法

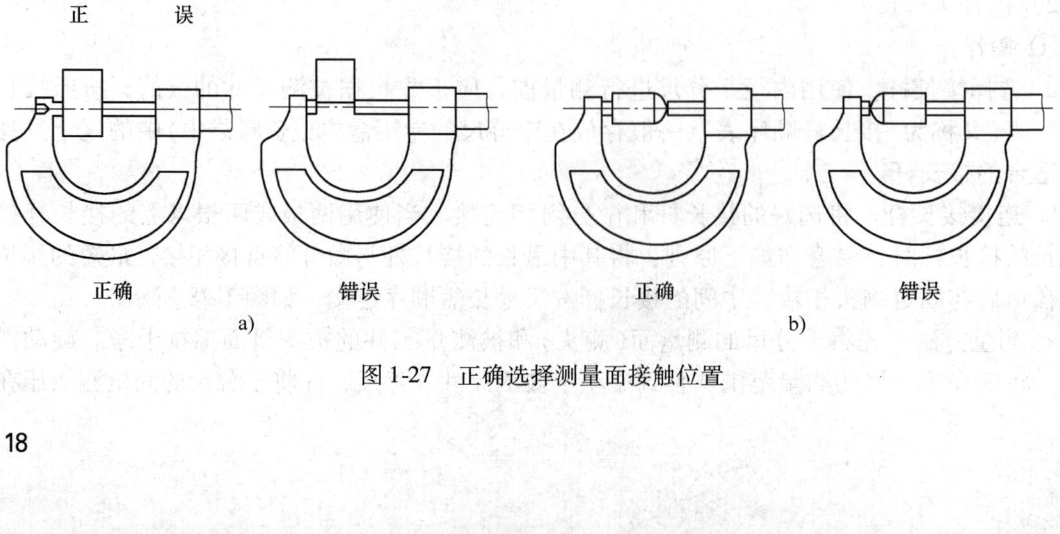

图 1-27　正确选择测量面接触位置

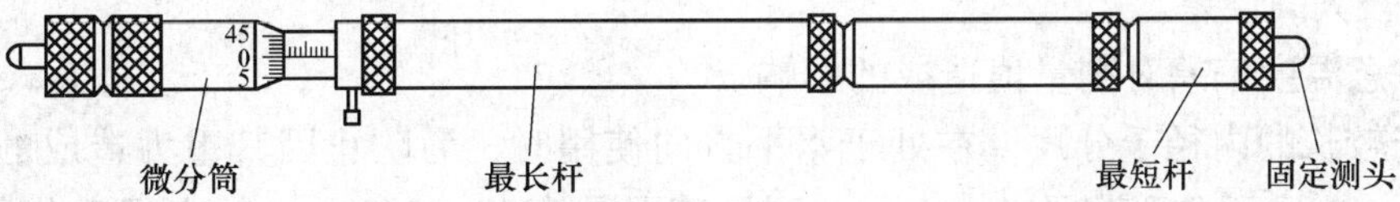

图 1-28　内径千分尺使用两根或两根以上接长杆时的连接顺序

一个被测面上，左手扶住该测量头，再将活动测头移入测量空间内，右手一面慢慢地旋转微分筒，一面轻轻地朝前后和上下摆动活动测头，直至在轴向找到最小值，在径向找到最大值为止，如图 1-29 所示。

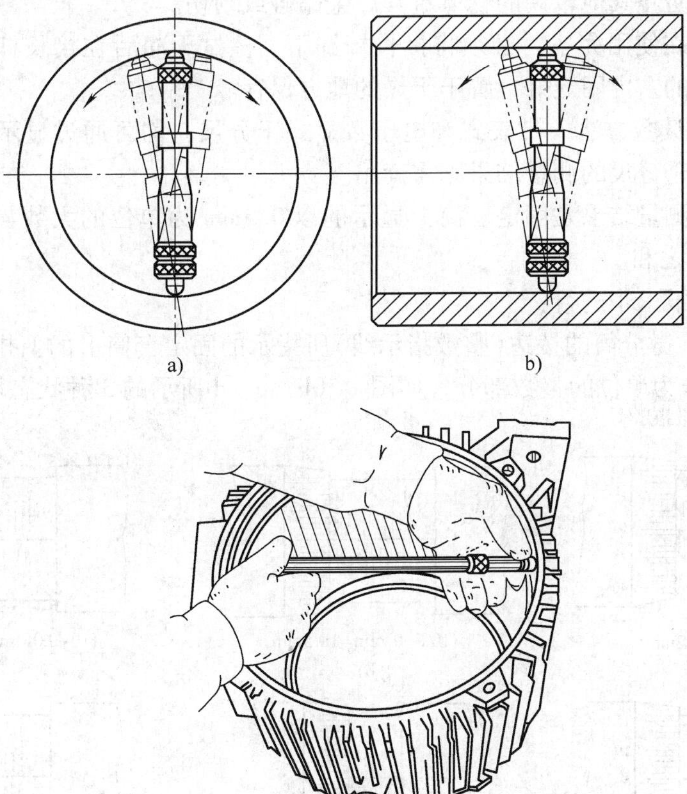

图 1-29　用内径千分尺测量圆孔的内直径

a）径向找到最大尺寸　b）轴向找到最小尺寸　c）测量电动机内止口直径的实例

② 注意事项。

a. 因内径千分尺没有测力装置，所以在测量时，要以两个测量面与被测量面的接触应力不超过内径千分尺自身重力引起的摩擦力为度。即当内径千分尺水平方向测量对加上测量力后，若松开手，内径千分尺会在自身的重力作用下慢慢下滑。

b. 被测量面的曲率半径不要小于所用内径千分尺测量面的圆弧半径。内径千分尺的测量下限为 50mm 和 75mm 者，被测量面的曲率半径不应小于 20mm；测量下限等于或大于 150mm 者，被测量面的曲率半径不应小于 60mm。否则，将出现测量值小于实际值的现象，给测量带来较大的误差。

c. 要注意温度偏差对测量值造成的影响。

d. 对于较长的内径千分尺，在处于水平方向使用时，为防止因其重力造成的变形给测量带来误差，要注意合理设置支撑点。对测量范围是 1250 ~ 2500mm 的内径千分尺，设置 2 个支撑点，分别位于距测量端面 0. 21L 的地方（L 为内径千分尺的全长）；对测量范围是 2500 ~ 5000mm 的内径千分尺，设置三个支撑点，其中间一点设置在内径千分尺的中间位置，其余两点分别位于距测量端面 0. 1L 的地方。支撑方法一般使用手扶。

e. 对已接好接长杆的内径千分尺。在暂时不用时，不可将其斜靠放置，而应水平摆放在平板上，同时要防止其他较硬的物体对其产生磕碰或划伤。

f. 内径千分尺在使用完毕，必须将接长杆卸下，擦拭干净后在接长杆的螺纹部位涂上防锈油，放入专用的盒内固定好，置于干燥的地方保存。

（3）千分尺的读数方法　带表式和电子数显式千分尺，均可通过显示装置直接显示测量结果。而普通式千分尺的测量结果则需读出。

普通千分尺的测量结果是固定套筒上显示的以 0. 5mm 为单位的大数与微分筒上显示的 0. 5mm 以下的小数之和。

读数可分为如下三步进行：

1）先读整数。微分筒的棱边（整数指示线）所指示的固定套筒上的上排刻度整数值，即为测量值以 1mm 作为单位的整数部分，如图 1-30b、c、d 所示的 3 种状态均为 10mm。

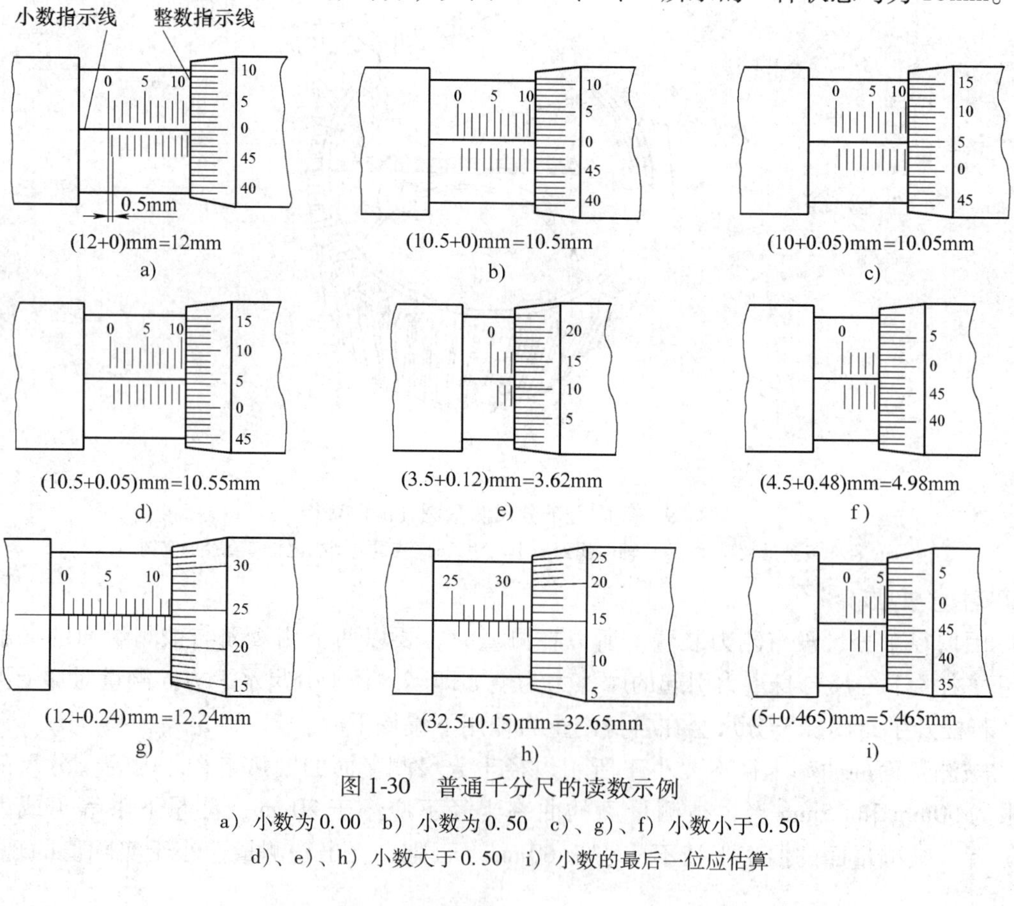

(12+0)mm=12mm
a)

(10.5+0)mm=10.5mm
b)

(10+0.05)mm=10.05mm
c)

(10.5+0.05)mm=10.55mm
d)

(3.5+0.12)mm=3.62mm
e)

(4.5+0.48)mm=4.98mm
f)

(12+0.24)mm=12.24mm
g)

(32.5+0.15)mm=32.65mm
h)

(5+0.465)mm=5.465mm
i)

图 1-30　普通千分尺的读数示例

a）小数为 0. 00　b）小数为 0. 50　c）、g）、f）小数小于 0. 50

d）、e）、h）小数大于 0. 50　i）小数的最后一位应估算

2）再读小数。测量值的小数部分分以下几种情况：

① 当整数指示线刚好压在固定套筒上排刻线的某一条线上，并且微分筒的“0”刻线恰好正对着小数指示线时，测量值的小数值即为0.0mm，如图1-30a所示。

② 当整数指示线刚好压在固定套筒下排刻线的某一条线上，并且微分筒的“0”刻线恰好正对着小数指示线时，测量值的小数值即为0.5mm，如图1-30b所示。

③ 当整数指示线在固定套筒上排的某一刻线之后与下排相邻刻线之前时，测量值的小数值即为微分筒正对着小数指示线的刻线所指示的数值，此时测量值的小数值大于0.0mm，小于0.5mm，如图1-30c所示。

④ 当整数指示线在固定套筒上排的某一刻线之前与下排相邻刻线之后时，测量值的小数值即为微分筒正对着小数指示线的刻线所指示的数值再加上0.5mm，即此时测量值的小数值大于0.5mm，但小于1.0mm，如图1-30d所示。

⑤ 若微分筒与小数指示线对应点在其两个刻线之间，则小数的最后一位数应进行估算，如图1-30f所示。

3）求取测量值。将上述整数值和小数值相加，即得被测量值，如图1-30所示。

（4）千分尺的保管和保养注意事项

1）千分尺不能用于测量粗糙的零件表面。

2）千分尺不能用于测量正在旋转的零件。

3）千分尺在使用时不能大力旋转微分筒。

4）使用完毕，应小心轻放，不能磕碰。

5）不允许用砂纸和金刚砂擦磨测量杆上的污锈。

6）不允许在微分筒和固定套筒之间加酒精、煤油、柴油、凡士林及普通机油，更不允许把千分尺浸泡在上述油类或冷却液中。如发现被上述液体浸入，应尽快用汽油洗净，之后加上特种轻质润滑油。

7）要时刻保持千分尺的清洁。不使用时，应用清洁的软布、棉纱等擦干净，再放回到包装盒中。较长时间不用时，应先用航空汽油将千分尺洗净并擦干，然后涂上专用的防锈油。应注意不要使两个测量面贴和在一起，要稍微分开，以避免锈蚀。

8）大型千分尺要平放在特制的包装盒内，以免变形。

认一认：

1）在实验教师的带领下，识认各种千分尺及千分尺的各部组成。

2）仔细观察实验教师关于千分尺的操作示范。

练一练：

1）在实验教师的指导下，练习千分尺的“0”位校对。

2）在实验教师的指导下，练习操作千分尺进行测量并读出测量数据。

3）在实验教师的指导下，练习千分尺的保管。

3. 百分表

（1）百分表的结构与分类　机械式百分表是将测量杆的直线位移，通过机械传动系统转变为指针在表盘上的角位移来进行读数的通用长度测量工具，图1-31所示为机械式百分表的示例。百分表按机械传动系统分为齿条-齿轮式、杠杆-齿轮式和蜗杆蜗轮式，按用途分为通用百分表和内径百分表，按读数显示形式分为表盘式和电子数显式。

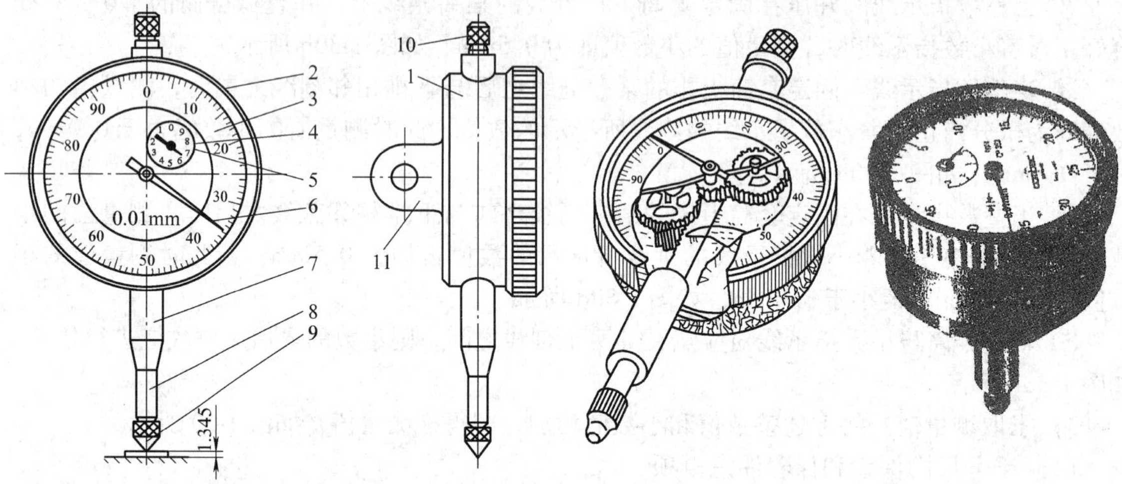

图1-31　机械式百分表的外形和结构
a）外形图　b）侧面图　c）机械传动结构（齿条-齿轮结构）　d）端面式
1—表体　2—表圈　3—表盘　4—转数指示盘　5—转速指针　6—指针
7—套筒　8—测量杆　9—测量头　10—挡帽　11—耳环

百分表具有体积小、结构紧凑、读数方便、测量范围大、用途广的特点。百分表的示值范围通常有0～3mm、0～5mm、0～10mm三种。

使用百分表座及专用夹具，可对长度尺寸进行相对测量，由于百分表的量程较小，所以用来进行绝对测量的适应范围较小，一般小于10mm。采用不同的附件还可测量工件的直线度、平面度及平行度等误差，以及在机床上或者其他专用装置上测量工件的跳动误差等。

（2）通用表盘式百分表的使用

1）测量前的准备。

① 检查和清洁测量平台与测量平面，以及支架底面。

② 预先根据测量平面在工件上所处的位置和尺寸大小，对支架及百分表的位置进行预调。

③ 检查和调整百分表。

a. 检查百分表的指针是否转动灵活、是否在规定的位置范围内。

所谓“规定的位置范围”是指，在测量杆处于自由状态时，指针应位于从“0”位逆时针方向30°～90°。如图1-32a所示。如不在规定范围内，则不符合要求，不能使用。

b. 检查百分表的显示稳定性。用两指捏住测量杆上端的挡帽，轻轻提拉1～2mm几次，看每次表针是否都能回到原位（即测量杆处于自由状态时，指针所在位置）。如未回到原位，但距原位相差不大于±0.003mm，则是允许的，如图1-32b所示，否则不能使用。

c. 检查百分表指针和转速指针的关系。对具有转速指针的百分表，当转速指针指示在

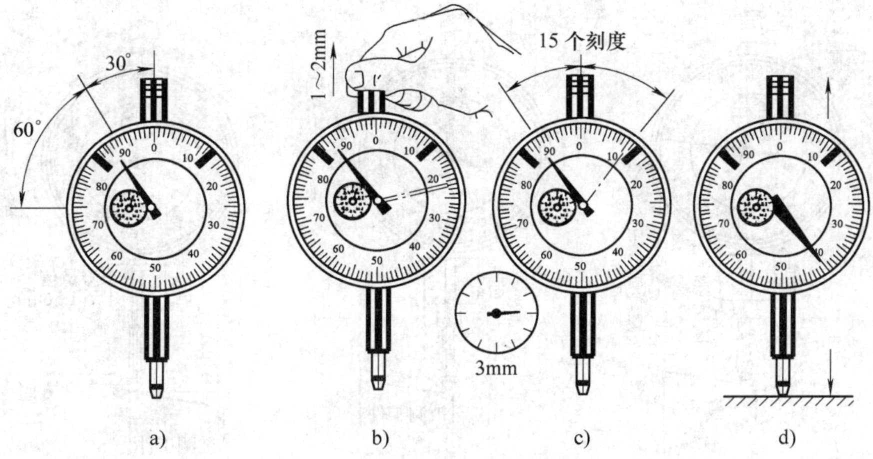

图 1-32 检查百分表

a）检查百分表的指针是否转动灵活以及是否在规定范围内 b）检查百分表的显示稳定性
c）检查百分表指针和转速指针的关系 d）检查百分表测量杆的行程

正转数时，百分表指针偏离“0”位正负应不超过 15 个刻度，如图 1-32c 所示。

d. 检查百分表测量杆的行程。测量范围为 0 ~ 3mm 的百分表，测量杆的行程至少应超过工作行程终点 0. 3mm；测量范围为 0 ~ 5mm 和 0 ~ 10mm 的百分表，测量行程至少应超过工作行程终点 0. 5mm，如图 1-32d 所示。

④ 百分表的安装。在对百分表进行检查并确定其符合要求后，须将其安装在支架上。如图 1-33d 所示。安装时若采用夹持套筒的方法来固定百分表，则夹紧力要适当，既要夹牢又不至于使套筒变形，夹紧前应对表盘的朝向进行调整，以便于读数，夹紧后就不准再调整，如确需调整，则应先松开夹紧装置。

⑤ 百分表的调整。

a. 调整百分表的测量头位置。在对百分表进行上述检验后，即应对百分表的测量头进行调整，使百分表测量头与被测量面接触，这时要求具有适当的测量力(即“预压力”)。这里所说的“适当”是指：在测量头压到被测量面之后，表针顺时针转动半圈至一圈左右(相当于测量杆有 0. 3 ~ 1mm 的压缩量,称为“预压量”)，如图 1-33a 所示。在比较测量时，如果存在负向偏差，预压量还要增大些，使指针有一定的指示余量。

b. 调整百分表的“0”位。为了在测量时读数的方便，通常在测量前将百分表的指针调整到“0”位。即当百分表的测量头被施加适当的测量力，表针稳定在一个位置之后，旋转表圈带动表盘，使“0”位与表针对齐，如图 1-33b 所示。当然，也可不调整，将开始时表针稳定在的刻度制定为初始位置，以测量时表针变动的数值作为测量值，用测量值减去初始值，即得测量结果。

⑥ 读数方法。以图 1-33c 为例。测量时 1/100mm 指针(大针)和转数指针(小针)的位置都在变动。当测量杆移动 1mm 时，转数指针(小针)转过一格，而 1/100mm 指针(大针)转过一圈，由于大针对应的表盘被等分为 100 格，所以，大针转过一格，意味着测量杆移动 0. 01mm 。因此，被测尺寸的整数部分由转数指示盘上的小针位置读出，而其小数部分则由 1/100mm 指针在表盘上的位置读出。如图 1-33c 所示，转数指示盘(小盘)上小针指示整数

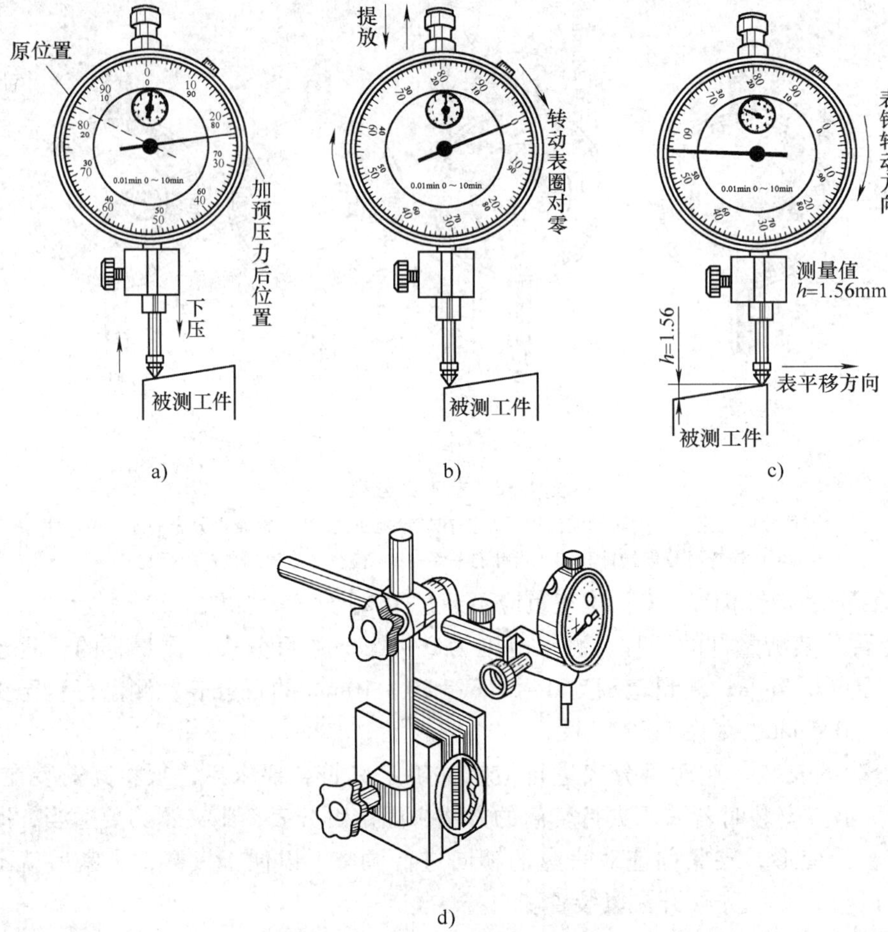

图 1-33　百分表的安装与读数

a）施加适当的测量力　b）旋动表圈使指针对“0”　c）读数方法示例　d）百分表安装

为 1，大针指数为 56，可知被测尺寸的整数部分为 1，小数部分为 0. 56，两者相加得 1. 56，单位均为“mm”。所以被测尺寸为 1. 56mm。

2）使用百分表测量的方法(图 1-34)。作为一种测量工具，百分表可以对工件进行绝对测量和相对测量。但由于百分表的量程较小，所以通常进行相对测量。采用相对测量，可以获得相对测量值也可获得绝对测量值。

根据对测量结果是绝对测量值还是相对测量值的要求，所采用的测量方法有所不同。

① 要求测量结果是绝对测量值的测量方法。测量时，要先选择一个符合要求的基准面，在基准面上放置与被测工件尺寸公称值相等的量块。将百分表测量头压在量块的上表面，使其具有适当的预压力，并校对“0”位，随后紧固支架螺钉，并再次校对“0”位。

用手捏住百分表上端的挡帽提起测量杆，移开量块，然后将被测工件放在百分表测量头下或将百分表测量头移到被测工件之上，对准测量点，放下测量杆进行测量，则百分表表盘指针指示的数值(含整数和小数两部分)即为被测尺寸相对于基准尺寸的偏差值(注意正负)。被测尺寸的绝对值是基准尺寸与偏差值之和。

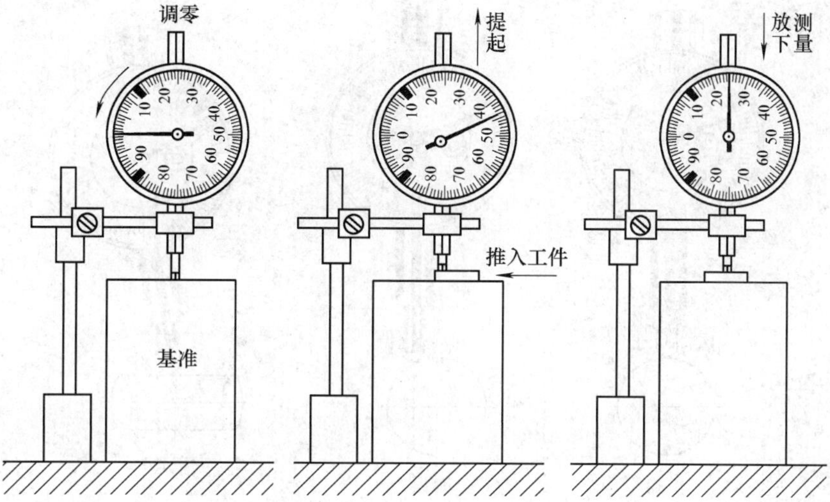

图 1-34　用百分表进行绝对测量

② 要求测量结果为相对测量值的测量方法。测量相对值的方法与测量绝对值的方法基本相同。所不同的是测量相对值时，不需要知道基准尺寸的具体数值。

3）使用和维护百分表的注意事项。

① 测量平面时，测量杆要与被测量面垂直。毛坯或有显著凹凸表面的工件不应使用百分表进行测量。如图 1-35 所示。

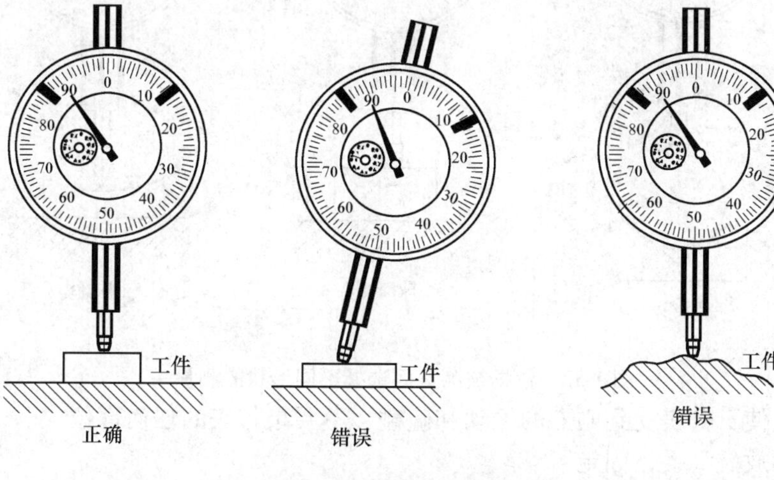

图 1-35　用百分表测量平面

② 测量圆柱形工件时，测量杆的轴线应与工件的直径方向一致，并垂直与工件的轴线。如图 1-36 所示。

③ 要根据被测工件测量面的形状的不同，选择适当形状的测量头。如用平测量头测量球形面；用球形测量头测量圆柱形面或平表面；用尖形测量头或曲率半径较小的测量头测量凹面或形状较复杂的表面，如图 1-37 所示。

④ 按压测量杆的次数不要过多，距离不要过大，尤其要避免急剧地向极端位置按压测量杆。测量时，测量杆的行程不要超过它的测量范围。

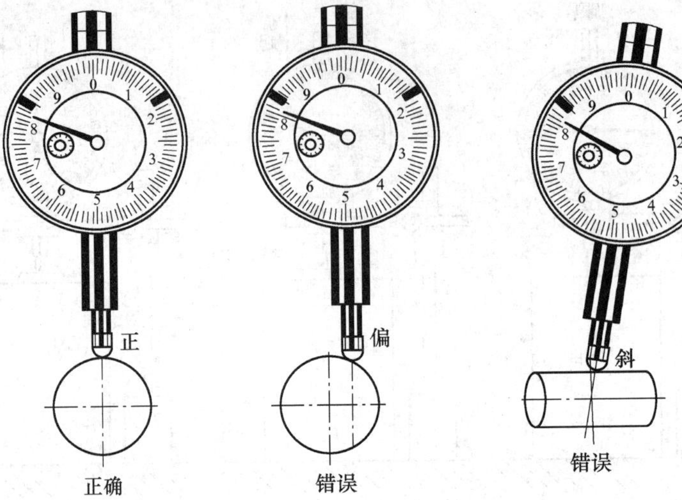

图 1-36　用百分表测量圆柱形工件

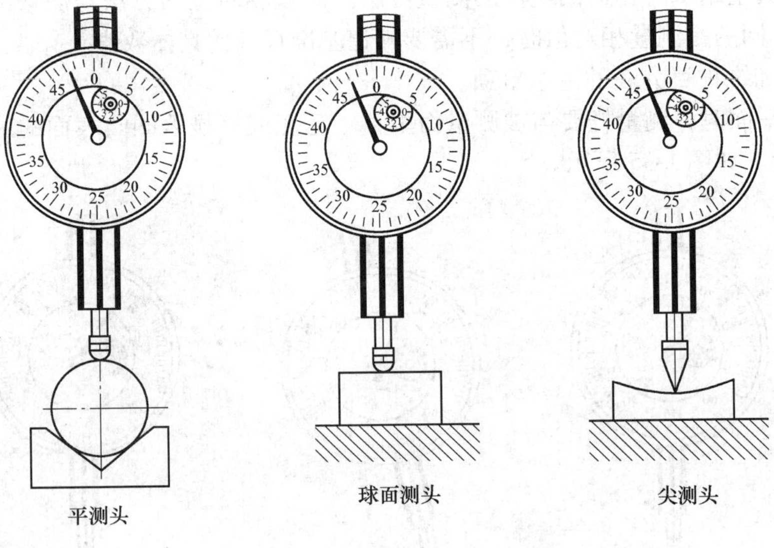

图 1-37　根据被测量面选择不同形状的测量头

⑤ 要避免使百分表受到剧烈的振动和磕碰，不要敲打表的任何部位。

⑥ 表架要放置稳妥，固定可靠。

⑦ 防止水、油和灰尘等进入表内；不准把百分表浸在冷却液或其他液体中；不准随意拆卸百分表的后盖。

⑧ 使用完毕后，要将其擦净并放入专用的盒内，要让测量杆处于放松状态；如果不是长期保存(封存)，测量杆不允许涂凡士林或其他油类。

(3) 表盘式内径百分表　内径百分表又称为内径表，它主要用来测量光滑孔的内径尺寸或尺寸误差，特别是可用于测量内径千分尺不能测量的较深孔的内径尺寸或尺寸误差；同时，它也可测量其他内尺寸。

1) 内径百分表的结构和分类。内径百分表有表头(与通用百分表相同)和表架(支架)两部分组成。根据结构的不同，可分为带定位中心式和涨簧式两种。如图1-38所示。

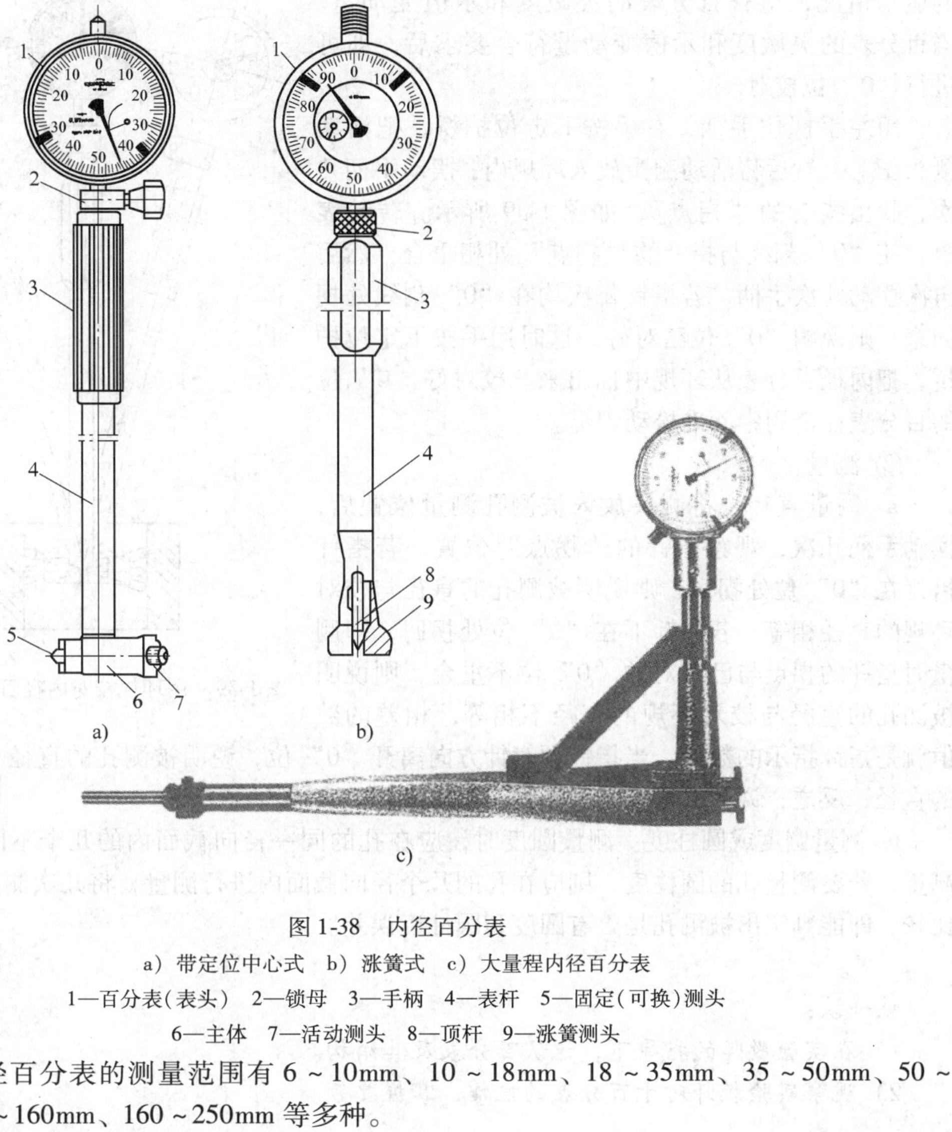

图1-38　内径百分表

a）带定位中心式　b）涨簧式　c）大量程内径百分表

1—百分表（表头）　2—锁母　3—手柄　4—表杆　5—固定（可换）测头

6—主体　7—活动测头　8—顶杆　9—涨簧测头

国产内径百分表的测量范围有6～10mm、10～18mm、18～35mm、35～50mm、50～160mm、100～160mm、160～250mm等多种。

2）内径百分表的使用方法和注意事项。

① 装夹百分表和测量头。先把百分表的装夹套筒擦干净，然后装进表架的弹性卡头中，并使表的指针转过一圈左右用螺母紧固住弹性卡头（以获得预压力），将百分表锁住。

根据被测量孔的直径大小，选用一个相应尺寸的可换测量头并将其安装在表杆上。安装可换测量头时，应尽量使其在活动范围的中间位置，因为这时产生的误差最小。为此，测量上限大于35mm的内径百分表，在其可换测量头上刻有一条环状线，安装时使该环线正好露出主体为合适。

② 校对“0”位。内径百分表校对“0”位要使用校对量块，如没有校对量块，可使用外径千分尺。

校对前，现将测头（如使用千分尺则包括千分尺的测头）、定位护桥和环规的工作面擦拭干净，然后用手按动几次活动测头，观察百分表的运动情况，检查百分表的灵敏度和示值变动量。当百分表的灵敏度和示值变动量符合要求后，即可进行“0”位校对。

用左手握住手柄，右手按下定位护桥，把活动测头压下，然后将活动测头放入环规内，摆动手柄几次，找出指针的“拐点”，如图 1-39 所示。转动表盘，使“0”刻线与指针的“拐点”处相重合，然后再次摆动几次手柄，若指针每次均在“0”刻线处拐回来，则说明“0”位已对好，这时用手按下定位护桥，把内径百分表从环规中抽出来。校对好“0”位的百分表在使用中不准松动锁母。

③ 测量。

a. 测量直径。将测头放入被测孔测量位置后，摆动手柄几次，观察指针的“拐点”位置，若指针恰好在“0”位处拐回，则说明被测孔的直径与校对环规的直径相等；若指针不在“0”位处拐回，即测量时指针的拐点与已校对的“0”位不重合，则说明被测孔的直径与校对环规的直径不相等，相差的数值就是指针指示的数值。当指针顺时针方向离开“0”位，说明被测孔的直径小于校对环规的直径；反之，说明被测孔的直径大于校对环规的直径。

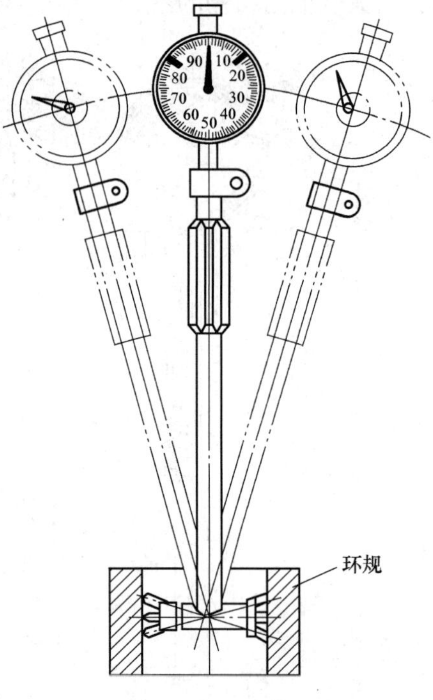

图 1-39 用环规校对内径百分表“0”位

b. 测量圆度或圆柱度。测量圆度时，应在孔的同一径向截面内的几个不同方向上进行测量；若要测量孔的圆柱度，则应在孔的几个径向截面内进行测量，将几次测量的结果进行比较，即能判定出被测孔是否有圆度和圆柱度误差。

认一认：

1）在实验教师的指导下，识认百分表及其结构。

2）观察实验教师对于百分表的操作，掌握要领。

练一练：

1）在实验教师指导下，练习百分表的“0”位校对。

2）在实验教师的带领下，进行绝对测量练习、相对测量练习以及内径的测量练习。

3）在实验教师的指导下进行百分表的安装、拆卸以及保养。

4. 游标万能角度尺

游标万能角度尺又称为角度尺、万能量角器等，它是一种直接测量工件角度或进行划线的一种角度量具。

（1）结构形式　国产的机械式游标万能角度尺分Ⅰ型和Ⅱ型两种结构形式，如图 1-40a、b 所示，数显式如图 1-40c 所示。

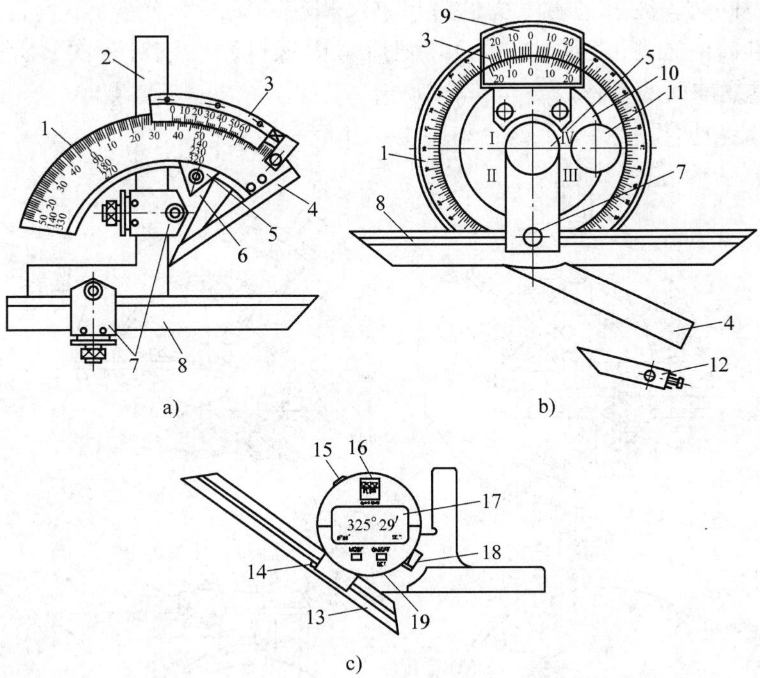

图 1-40　游标万能角度尺

a）Ⅰ型游标万能角度尺　b）Ⅱ型游标万能角度尺　c）数显式游标万能角度尺

1—主尺　2—直角尺　3—游标　4—基尺　5—制动头　6—扇形板　7—卡块　8—直尺

9—放大镜　10—圆盘　11—微动装置　12—附加直尺　13—标尺　14—标尺缩紧按钮

15—微调装置　16—SR232 端口　17—多功能显示　18—锁紧装置　19—电池盖

（2）使用方法

1）读数方法。游标万能角度尺的读数可概括为三个步骤，即先读“度”，再读“分”，最后将“度”与“分”加总得出最终结果。

① 读“度”。看主尺上相距游标“0”位的刻度线的左边最近的那条刻线的数值，该数值即为被测角度的整数部分，图 1-41 中为 16，即被测角度数的整数部分为 16°。

② 读“分”。看游标上哪条刻线与主尺相应刻线对齐，则该游标刻线在游标上对应的数值即为被测角度的“分”，如图 1-41 中游标上 30 刻线与主尺相应刻线对齐，所以被测角度的分数部分为 30′。

③ 加总整数部分与分数部分，得出最终结果。如图 1-41 中所示，被测角度为 16°30′。

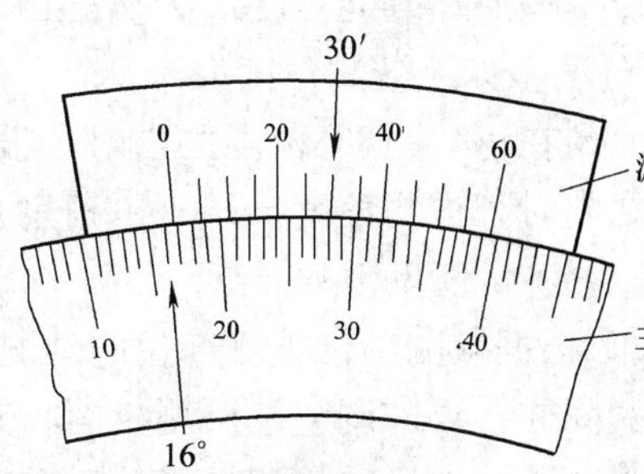

图 1-41　游标万能角度尺的读数示例

2）游标万能角度尺校对“0”位的方法。旋动微动装置，使基尺与直角尺以及直尺三者接触于一点，并使基尺与直角尺的测量面紧贴（不透光），看游标的“0”刻线与主尺的“0”刻线是否重合，若重合则说明“0”位正确，否则说明“0”位不正确，需要校对。

校对“0”位：把游标背面的两个螺钉松开，移动游标尺，使它的“0”刻线与主尺的

"0"刻线重合，同时，注意它的尾线也要与主尺相应的刻线重合(若不重合,只要不重合度在游标分度值的 1/4 之内,就是允许的)。随后紧固螺钉，再校对一次，看是否符合要求，若不符合，则重复前面的操作，直至符合为止。

3）游标万能角度尺的测量示例，如图 1-42 所示。

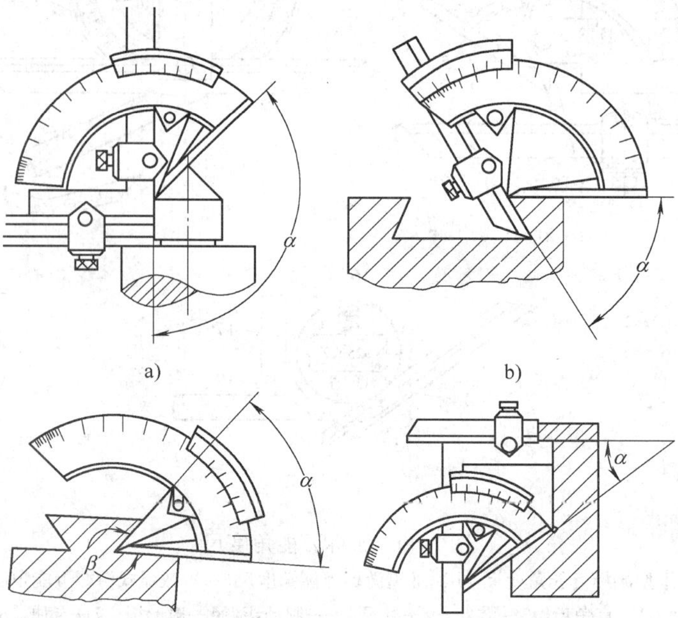

图 1-42　游标万能角度尺测量示例

a）测量外角示例一　b）测量内角示例一　c）测量内角示例二　d）测量外角示例二

4）游标万能角度尺的测量方法。

以Ⅰ型游标万能角度尺为例。由于Ⅰ型游标万能角度尺其主尺上基本角度的刻线只有 90 个分度，如果被测角度大于 90°，在读数时，就应该加上一个基数(90°,180°,270°)，即当被测角在 90°～180°范围之内时，被测角度 = 90° + 角度尺的读数；当被测角在 180°～270°范围之内时，被测角度 = 180° + 角度尺读数；当被测角在 270°～320°范围之内时，被测角度 = 270° + 角度尺读数。

① 根据被测工件被测部位的情况，先调整好角度尺或直尺的位置，用卡块上的螺钉将它们紧固住，再来调整基尺测量面与其他有关测量面之间的夹角。此时，要先松开制动器上的螺母，移动主尺作粗调整，然后在转动扇形板背面的微动装置作细调，直到两个测量面与被测量面密切贴合为止。最后，拧紧制动器上的螺母，把角度尺取下来读数。

② 测量 0°～50°的角度。把角度尺和直尺全部安装上，将工件的被测部位置于基尺和直尺之间进行测量。如图 1-43a 所示。

③ 测量 50°～140°的角度。把角尺卸下装上直尺，使它与扇形板连在一起。把工件被测量部位置于基尺和直尺之间进行测量，如图 1-43b 所示。也可不卸下角尺，只把直尺和卡块卸掉，再把角尺拉到下边来，把工件的被测量部位放在基尺和角尺长边的测量面之间进行测量，如图 1-43c 所示。

④ 测量140°～230°的角度。把直尺和卡块卸掉，只装角尺，并将角尺推上去，直到角尺短边与长边的交线和基尺的尖棱对齐为止。把工件的被测量部位放在基尺和角尺短边的测量面之间进行测量，如图1-43d所示。

⑤ 测量230°～320°的角度。把角尺、直尺和卡块全部卸掉，只留下扇形板和主尺（带基尺）。把工件的被测量部位放在基尺和扇形板测量面之间进行测量，如图1-43e所示。

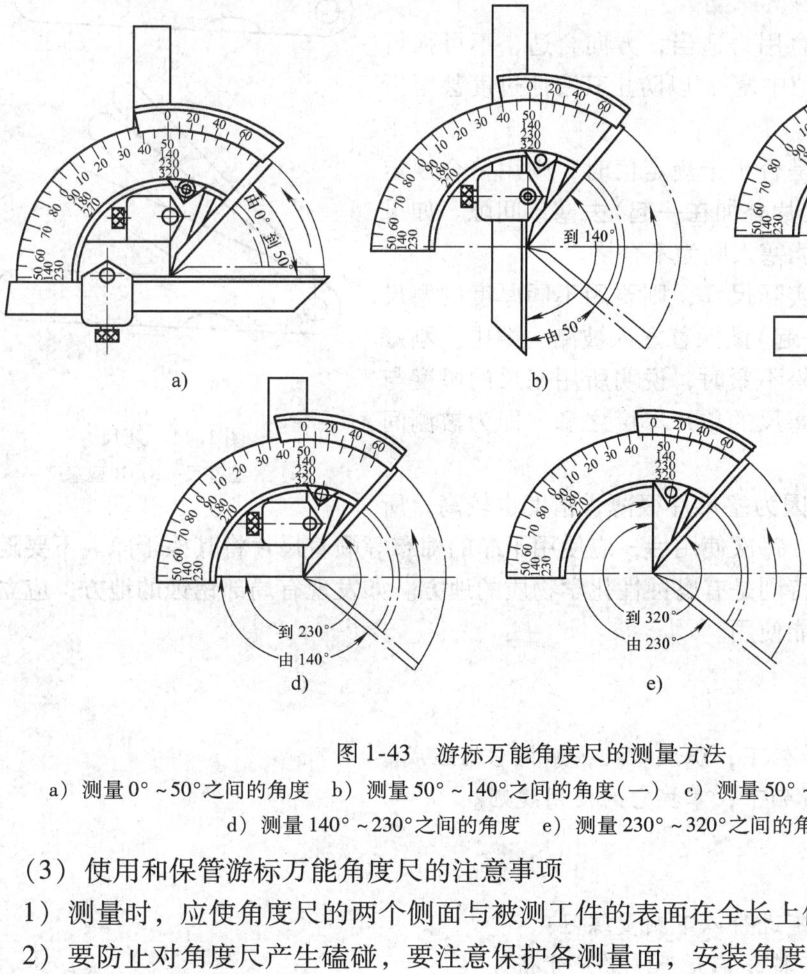

图1-43　游标万能角度尺的测量方法

a）测量0°～50°之间的角度　b）测量50°～140°之间的角度（一）　c）测量50°～140°之间的角度（二）　d）测量140°～230°之间的角度　e）测量230°～320°之间的角度

（3）使用和保管游标万能角度尺的注意事项

1）测量时，应使角度尺的两个侧面与被测工件的表面在全长上保持良好的接触。

2）要防止对角度尺产生磕碰，要注意保护各测量面，安装角度尺和直尺时，应避免卡块螺钉压在测量面上。

3）使用完毕后，要松开各紧固螺钉，取下直尺和角度尺，擦净后在各测量面上涂防锈油，然后将其装入专用的盒内保存。

5. 塞尺

（1）塞尺的类型与规格　塞尺是一种用来测量两面之间微小距离的专用量具。它是一种专制的有额定厚度的钢片，实际应用中都是若干片厚度不同的尺片合装在一起的，称为“一把”。图1-44给出了两种形状的塞尺，其中不同点是A型塞尺尺身一般较宽，B型塞尺端部较窄。

常用塞尺的组别标记给出了尺片长度、类型和每一组片数。例如，100A13，标示该组

(把)塞尺的尺片片长为100mm、A型、由13片组成。尺片的长度有75mm、100mm、150mm、200mm、300mm共五种。最小厚度为0.02mm，最大的厚度为1mm。

(2) 塞尺的使用　塞尺可以单片使用，也可以多片叠起来使用，但多片使用会使测量误差增大，所以叠起来的片数，越少越好。

使用塞尺时，应注意用力适当，方向合适，不可强行将较厚的塞尺往小的间隙中塞，以防止其弯曲过度甚至折断或划伤。

若需测出某一间隙是否小于规定值时，则用符合规定最大值的塞尺一片(或几片叠加在一起)去塞该间隙。如果不能塞入，则为合格，能塞入则为不合格。

若需测量出间隙的实际尺寸，则要用不同厚度的塞尺片(一片或几片叠加在一起)试探着塞入被测间隙中。刚好塞入，拉伸有手感，不松不紧时，说明所用塞尺的厚度与间隙相同。此时，所用塞尺的单片厚度之和，即为被测间隙的实际尺寸。

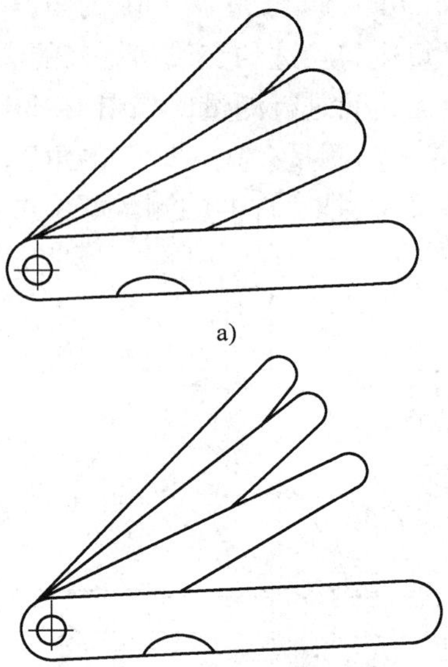

a)

b)

图1-44　塞尺

a) A型塞尺　b) B型塞尺

(3) 塞尺的保养　因为塞尺片很薄，精度也较高，所以应特别注意日常保养。每次使用后，应使用干净的棉布等顺着尺片将其擦干净。不要随意放置在有灰尘和油污，特别是有腐蚀性化学物质的地方。如发现有局部锈蚀的地方，应立即清除，锈蚀较严重的不能使用。

认一认：

1) 在实验教师的带领下，识认塞尺，掌握它的组成。

2) 在实验教师的带领下，掌握它的使用规则。

练一练：

在实验教师的指导下进行以下测量练习：

1) 测量小间隙是否符合不大于规定尺寸值。

2) 测量小间隙的实际尺寸。

6. 水平仪

(1) 水平仪的分类及构成　水平仪主要用来检验平面对水平或垂直位置的误差也可用来检验机床导轨或其他设备某些部位的直线度误差，机件的相互平行表面的平行度误差，相互垂直表面的垂直度误差以及机件上的微小倾斜角等。水平仪有条形水平仪、框式水平仪和光学水平仪等几种。钳工常用的水平仪是200mm×200mm，分度值为0.02mm/1000mm的框式水平仪。

框式水平仪由框架和水准器(即封闭的玻璃管)组成。框架的测量面上刻有V形槽以便测量圆柱形零件。框式水平仪的外形如图1-45所示。水准器(即密闭的玻璃管)内装有酒精或乙醚等流动性较好的液体，并留有一定长度的气泡。

(2) 水平仪的读数 水平仪的读数是以气泡偏移的格数为度或以表面所倾斜的角度来表示表面在1000mm内倾斜的高度Δh。例如，在使用分度值为0.02mm/1000mm的水平仪时，其气泡偏移1格刻度，表示水平仪倾斜4″，或表示1000mm长度一端抬高0.02mm。测量面的长度(L)、一端抬高高度(Δh)和水平仪的刻度值(α)之间的关系为

$$\Delta h = L\alpha$$

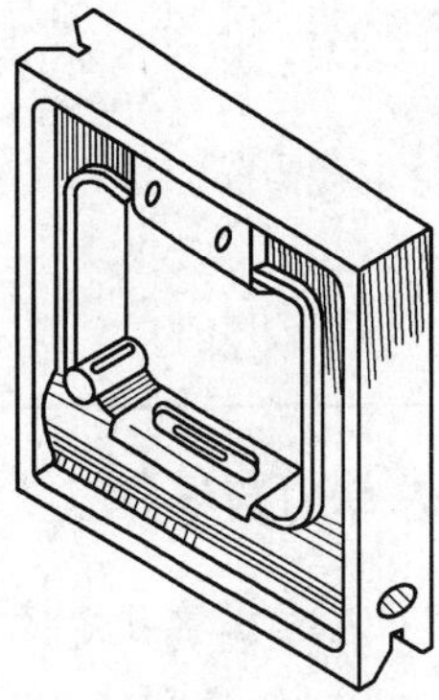

图1-45 框式水平仪

(3) 使用水平仪时应注意的事项

1) 根据被测量对象的精度要求，选用合适的水平仪。

2) 测量前应仔细擦净工作表面，并检查被测量对象的表面有无毛刺，如发现有毛刺应用油石打磨干净。

3) 为减少水平仪测量面的磨损，不能将水平仪在被测量对象的表面拖动，最好将水平仪放置在特制的垫板上使用。

4) 测量时不应对准气泡呼吸或用手触摸气泡，尽量避免在过冷过热的环境下使用水平仪，更不允许发生碰撞。

学习情境2　立体划线

学习目标：

通过本学习情境的学习，你将做到：

1）知道划线的作用。

2）掌握划线工具的种类和使用方法。

3）能正确使用划线工具完成简单零件划线操作。

4）能正确地在线条上打样冲眼。

5）划线操作应达到线条清晰、粗线均匀。尺寸误差不大于±0.3mm。

情境描述：

某厂有两个零件（图2-1和图2-2）需要加工，要求同学们在加工前对该零件的毛坯进行划线，每个零件的具体要求如图2-1和图2-2所示。在完成该两个零件划线的过程中，要求同学们：

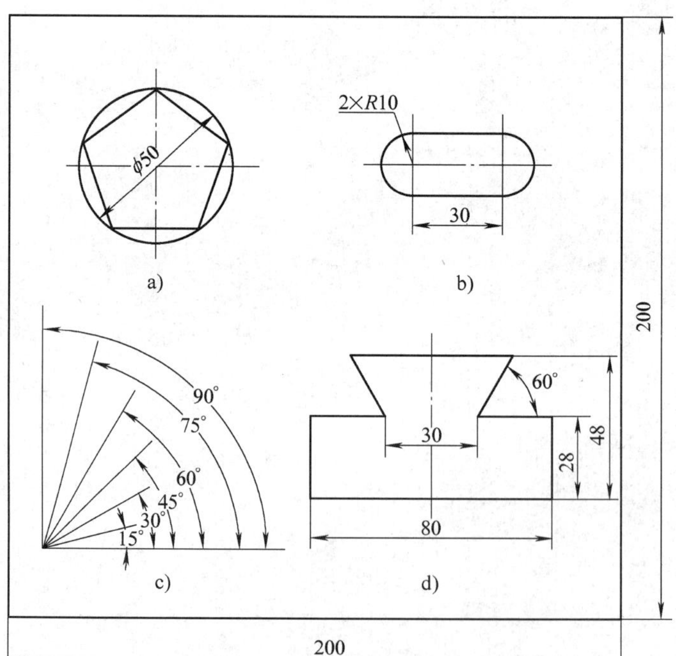

图2-1　平面划线件1

1）能够认识平面划线工具。并会平面划线工具的操作使用。

2）了解并掌握划线方法、操作步骤，会打样冲眼。

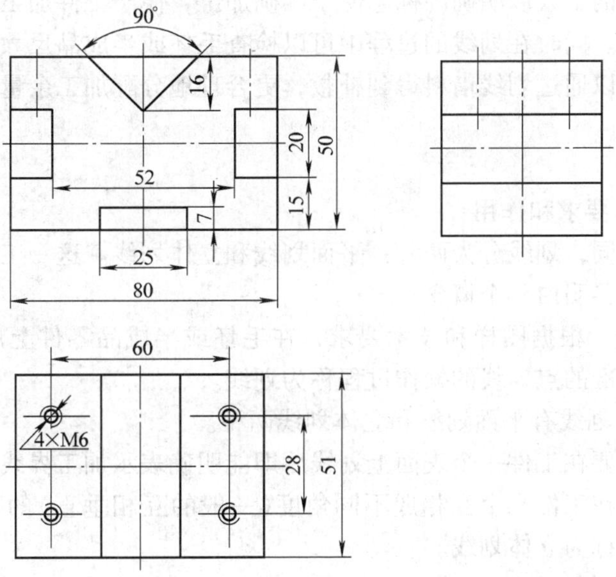

图 2-2　立体划线件 2——V 形架

3）会完成简单零件的划线工作。

作业一：平面划线——完成图 2-1 中的零件划线。材料：薄钢板 200mm×200mm×2mm。

要求：

1）会使用平面划线工具。

2）会平面划线的基本操作。

作业二：立体划线（完成图 2-2 中的零件划线）

要求：

1）会使用立体划线工具。

2）会简单立体划线操作。

相关知识：

想一想：

1）什么是划线？划线有什么作用？

2）划线需要什么样的设备和工具？

3）怎样使用划线工具？

4）平面划线时基准线怎么确定？

5）你想怎么样来完成前面件 1 和件 2 的划线工作？

2.1　划线的相关知识

在机械加工制造中，往往在加工前需要对毛坯或半成品工件的表面进行划线操作。划线的依据是零件图，对零件图上的尺寸偏差、形位公差有要求的地方用划线工具准确地划出加工界线，给下道工序的工人以明确的标志便于准确加工，便于工件加工时的找正和定位，以保证零件的加工质量。同时在划线的过程中可以检查毛坯或半成品尺寸是否合格。如果毛坯或半成品有偏差还可以通过划线借料得到补救，更合理地分配加工余量。所以划线这道工序不可缺少。

1. 划线的分类、要求和作用

根据零件要求不同，划线分为两种：平面划线和立体划线。这一工作通常也是由钳工完成的。接下来我们要弄明白几个概念：

（1）什么是划线　根据图样和技术要求，在毛坯或半成品零件上用划线工具划出加工界线，或划出作为基准的点、线的操作过程称为划线。

（2）划线分类　划线有平面划线和立体划线两种。

平面划线：只需要在工件一个表面上划线后即能明确表示加工界线的，称为平面划线。

立体划线：需要在工件几个互相成不同角度（一般的互相垂直）的表面上划线，才能明确表示加工界线的，称为立体划线。

（3）划线基本要求

1）清晰均匀。

2）定形、定位尺寸准确。

由于划线的线条有一定的宽度，一般要求划线精度达到0.25～0.5mm。应当注意，工件的加工精度（尺寸、形状精度）不能完全由划线确定，而应该在加工过程中通过测量来保证。

（4）划线的作用

1）确定工件上各加工面的加工位置和加工余量。

2）可全面检查毛坯的形状和尺寸是否符合图样，是否满足加工要求。

3）当坯料上出现某些缺陷的情况下，往往可通过划线时的“借料”方法，来达到补救。

4）在板料上按划线下料，可做到正确排料、合理使用材料。

2. 划线工具及其使用方法

（1）长度单位　长度的基准单位是米，但机械工程上所标注的米制尺寸，是以毫米为主单位。为了方便，图样上以毫米为单位的尺寸规定不注单位符号，如100即100mm，0.03即0.03mm。在工作中，有时还会遇到英制单位，其名称和进位关系为：1ft = 12in，它的主单位是英寸（in）。米英制单位换算关系：1in = 25.4mm。

（2）金属直尺　主要用来量取尺寸，测量工件，也可作划直线时的导向工具，如图2-3所示。

（3）划线平台　使用注意要点：平台工作表面应保持清洁，工件和工具在平台上都要轻拿、轻放，不可损伤其工作面，用后要擦试干净，并涂上机油防锈。

（4）划针　使用注意要点：在用金属直尺和划针连接两点的直线时，应先用划针和金属直尺定好后一点的划线位置，然后调整金属直尺，使其与另一点的划线位置对准，再划出两点的连接直线；划线时针尖要紧靠导向工具的边缘，上部向外侧倾斜15°～20°（图2-4a），向划线移动方向倾斜为45°～75°（图2-4b），针尖要保持尖锐，划线要尽量一次划

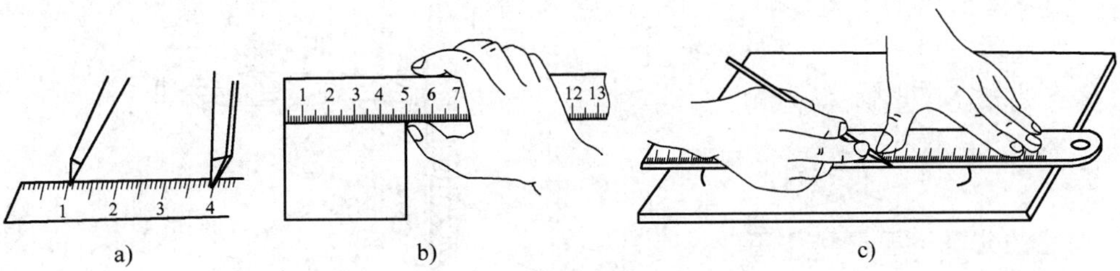

图 2-3　金属直尺的使用

a）量取尺寸　b）测量工件　c）划直线

完，使划出的线条既清晰又准确；不用时，划针不能插在衣袋中，以免划伤自己。最好套上塑料管不使针尖外露。

（5）划线盘　用来在划线平台上对工件进行划线或找正工件在平台上的正确安放位置。划针的直头端用来划线，弯头端用于对工件安放位置的找正。

基本操作及图解

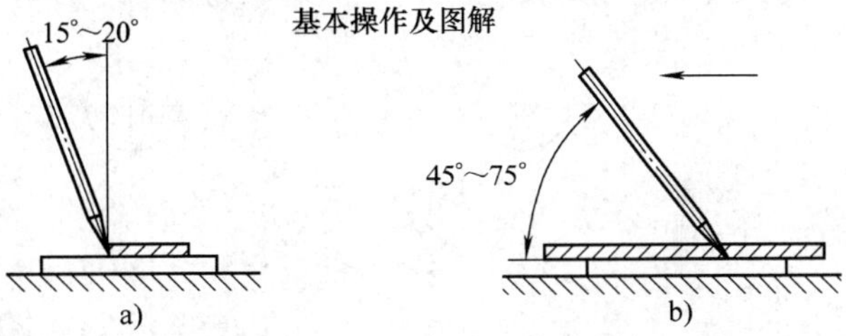

图 2-4　划针的使用

a）向外侧倾斜　b）向划线移动方向倾斜

注意：划针伸出要短，并处于水平位置。操作时，手握划线盘底座移动划线，划针夹紧要牢固(图 2-5)。划针与工件表面成 40° ~ 60°。划长线时可分段连接划线。

（6）高度尺　普通高度尺，由金属直尺和底座组成，用以给划线盘量取高度尺寸。游标高度尺它附有划针脚，能直接表示出高度尺寸，其读数精度一般为 0.02mm，可作为精密划线工具。

（7）划规　用来划圆和圆弧、等分线段、等分角度及量取尺寸等，如图 2-6 所示。

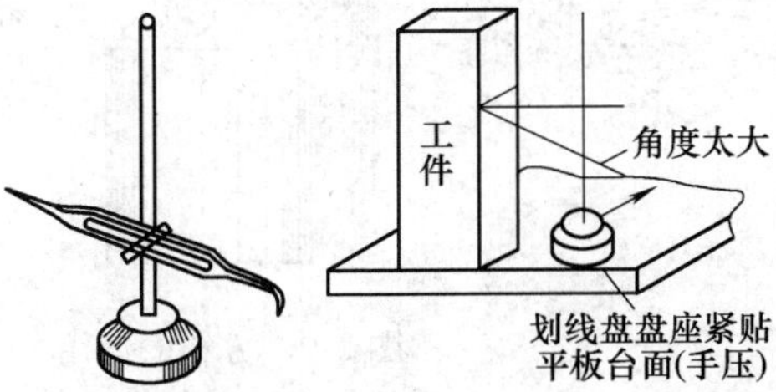

图 2-5　划线盘的使用

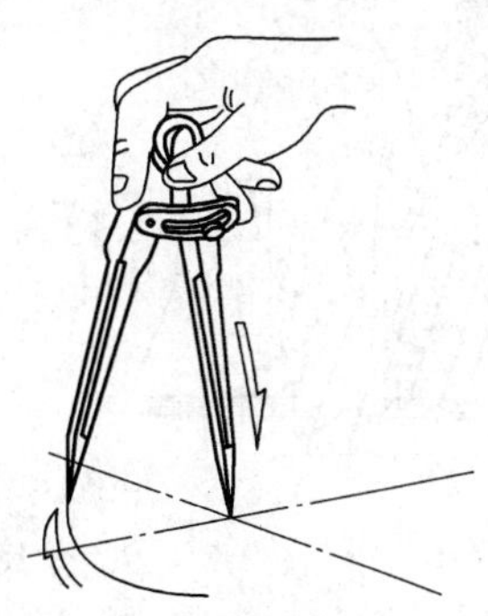

图 2-6　划规的使用

注意：划规两脚的长度要磨得稍有不等。圆心脚要稍加用力，另一脚以较轻的压力在工件表面上划出圆或圆弧。

（8）样冲　用于在工件所划线条上打样冲眼，作加强界限标识和作划圆弧或钻孔时的定位中心，它一般用工具钢制成，尖端处淬硬，其顶尖角度在用于加强界限标识时大约 40°，用于钻孔定中心时大约取 60°。样冲的使用见图 2-7。

（9）90°角尺　在划线时常用作平行线或垂直线的导向工具，也可用来找正工件平面在

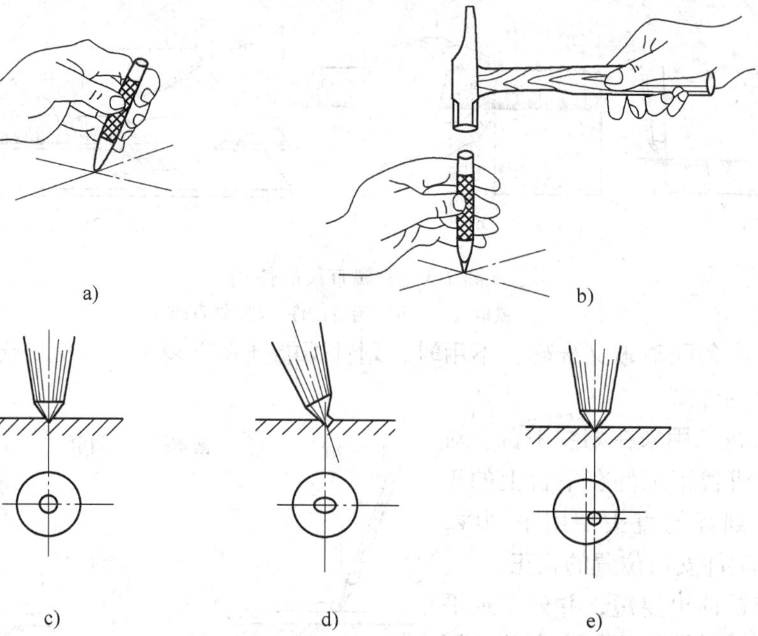

图 2-7　样冲的使用

a）外倾　b）立直冲点　c）正确　d）不垂直　e）偏心

划线平面上的垂直位置。90°角尺的使用见图 2-8。

（10）游标万能角度尺　常用于划角度线。

（11）方箱　划线时可用 C 型夹头将工件夹于方箱上，翻转方箱则可在一次装夹的情况下，将工件上互相垂直的一条全部划出。方箱的使用见图 2-9。

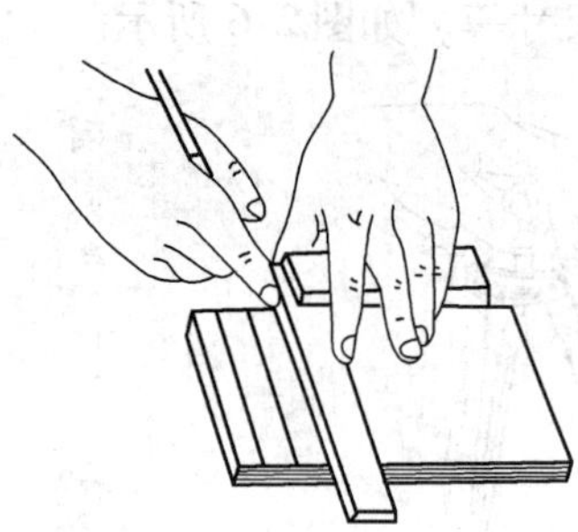

图 2-8　90°角尺的使用

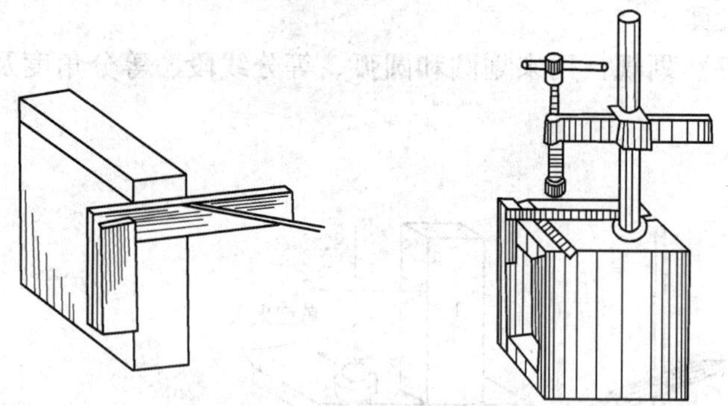

图 2-9　方箱的使用

3. 划线的涂料

为了使划出的线条清楚，一般都要在工件的划线部位涂上一层薄而均匀的涂料，常用的有石灰水，一般用于表面粗糙的铸、锻件毛坯上的划线；酒精色溶液和硫酸铜溶液，用于已加工表面上的划线。

4. 平面划线时基准线的确定

（1）平面划线时的基准形式　所谓基准就是工件上用来确定其他点、线、面的位置所依据的点、线、面。平面划线时，一般只要确定好两根相互垂直的基准线，就能把平面上所有形面的相互关系确定下来。

（2）基准线的确定 图样上所用的基准称为设计基准，划线时所用的基准称为划线基准。划线基准应与设计基准一致，并且划线时必须先从基准线开始，也就是先确定好基准线的位置，然后再依次划其他形面的位置线及形状线，才能减少不必要的尺寸换算，使划线方便、准确。

2.2 零件划线的实习过程

作业一：

1. 工、量、模具及材料准备

金属直尺、划规、锤子、划针、样冲、90°角尺、划线平板、铜锤。

材料：薄钢板 200mm×200mm×2mm

2. 方法步骤

1）准备好所用的划线工具。

2）检查薄钢板的尺寸是否符合要求。对实习件进行清理和划线表面涂色。

3）在薄钢板上合理布置各图的中心位置。要保证均匀布图。

可先熟悉各图形划法，并按各图应采取的划线基准及最大轮廓尺寸安排各图基准线在实习件上的合理位置。

4）按各图的编号顺序及所标注的尺寸，依次完成各图的划线工作。

5）对图形、尺寸复检校对，确认无误后，在图 2-1b 中的 2－$R10$ 孔尺寸上敲上检验样冲眼。

作业二：

1. 工、量、模具及材料准备

金属直尺、划针、划规、V 形架、划线平板、锤子、样冲、90°角尺、游标高度尺。

材料：HT200 规格为 80mm×51mm×50mm

2. 方法步骤

1）分析图样、准备划线工具：仔细分析图样所标注的尺寸、加工要求等。准备好所用的划线工具。

2）检查工件、编号标识立方体的各个面并涂色。检查件 2 的尺寸是否符合要求。对工件的各个面进行编号标识(图 2-10)，以方便描述各部位。对零件进行清理和划线表面涂色。

3）第一次划线(图 2-11)。将底面 1 平放在划线平板上，作为零件的划线基准。在后面 5 和前面 6 上依次划出 7mm、34mm 的尺寸线。

4）在面 3、4、5、6 上分别划出 15mm 和 35mm 的尺寸线。

5）第二次划线(图 2-12a,图 2-12b)。将面 3 平放在平板上，在面 5 和面 6 上划出 40mm 的中心线，与 34mm 尺寸线相交于 A 和 A′点，完成 16mm 的尺寸线。

再划出 14mm、66mm 尺寸线。产生交点 B、C、D、E 和 B′、C′、D′、E′，完成两侧宽

20mm(深 14 已划)尺寸线槽的划线。

在面 1、面 5 和面 6 上划出 27.5mm 和 52.5mm 尺寸线，在面 5 和面 6 上产生交点 F、G 和 F′、G′，从而完成底槽 25×7 的尺寸线。

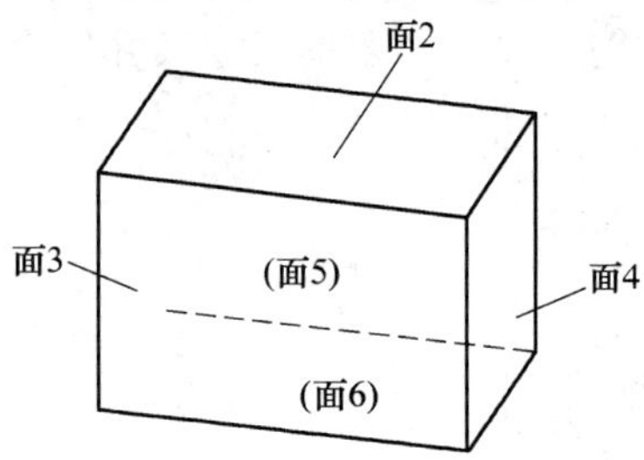

图 2-10 工件各个面编号示意图

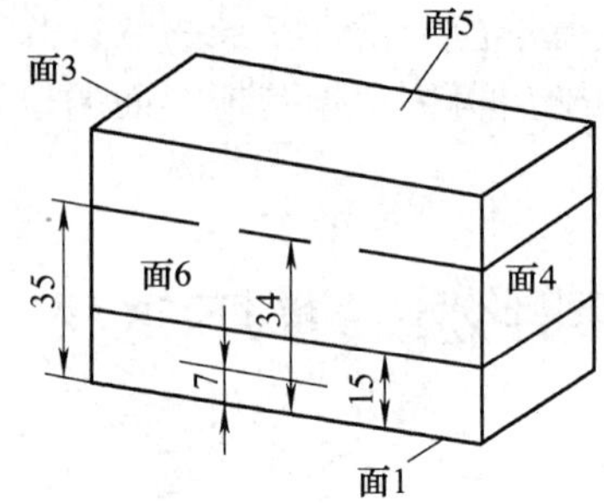

图 2-11 第一次划线

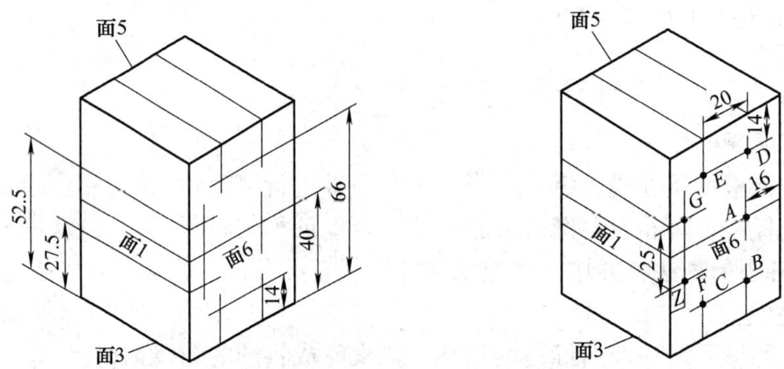

a)

b)

图 2-12 第二次划线时工件各个面编号示意图

a) 划水平线 b) 划垂直线

6) 第三次划线(图 2-13)。面 3 放在划线平板上，划面 2 上的 4×M6 的中心线。在面 2 上用游标高度尺划出 10mm 和 70mm 的尺寸线。

7) 第四次划线。面 6 放在平板上(图 2-14)，继续完成面 2 上的 4×M6 的中心线。

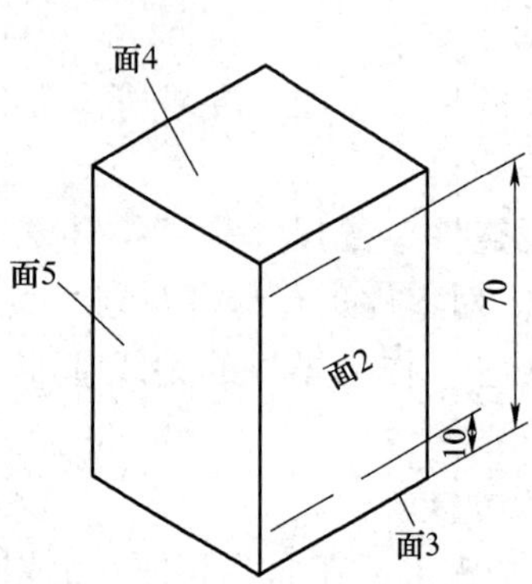

图 2-13 第三次划线

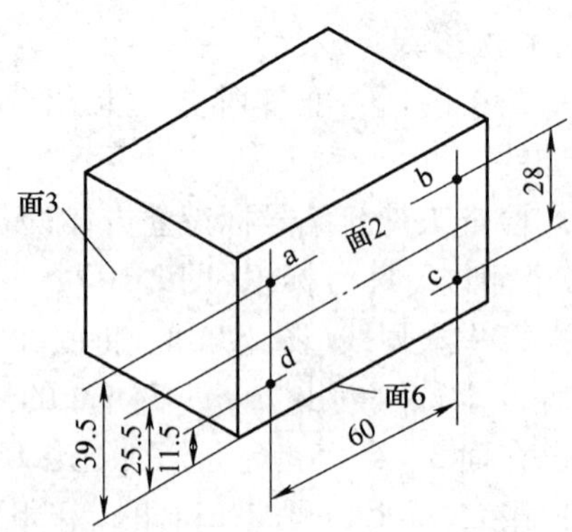

图 2-14 第四次划线

用游标高度尺寸继续在面 2 上划 11.5mm、25.5mm 和 39.5mm 的尺寸线，与第三次所划线条相交于 a、b、c、d 点，即为螺纹孔的中心。完成 4 × M6 螺纹孔的划线。

8）90°V 形槽划线。

① 划第一条线(图 2-15a)。将工作放入 90°V 形架的 V 形槽内，游标高度尺对准面 5 上的 A 中心点，划第一条平直线，此线与中心线成 45°。

② 划第二条线(图 2-15b)。此时将工件顺时针方向转 90°，过 A 点划第二条平直线，此线也与中心线成 45°。在面 6 上按相同的方法过 A′划两条平直线。这样完成了 90°V 形槽的划线。

9）对图形、尺寸复检校对，确认无误后，在所划线条上打样冲眼(图 2-16)。

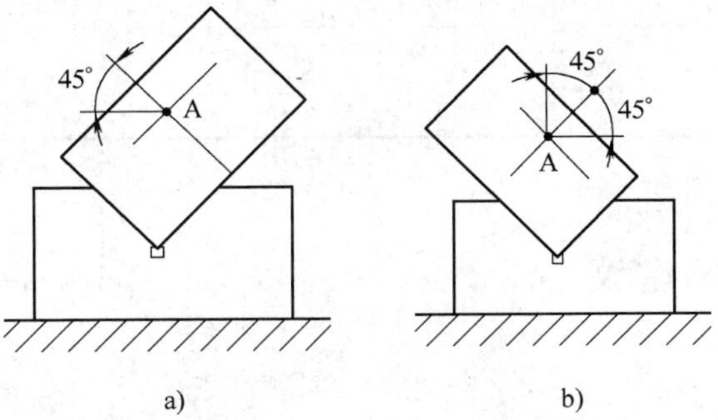

图 2-15　90°V 形槽划线
a）划第一条线　b）划第二条线

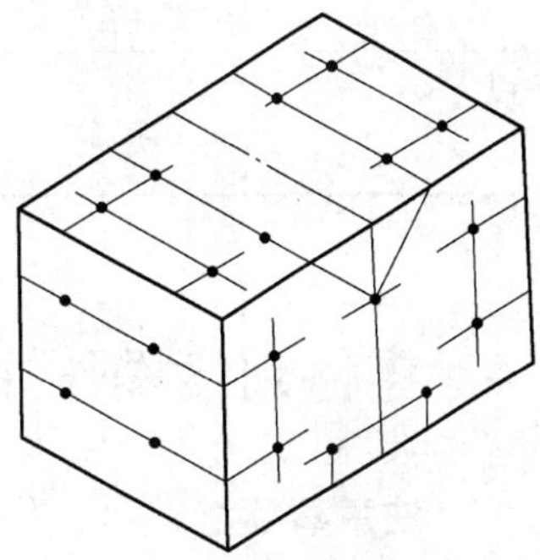

图 2-16　复检

2.3　零件划线操作学习评价

作业一和作业二评分表如下：

作业一评分表

工件号		座号		姓名		总得分	
项目	质量检测内容			配分	评分标准	实测结果	得分
线条	清晰			10 分	不符合要求不得分		
	均匀			5 分	不符合要求不得分		
允差	尺寸误差不大于 0.5mm			30 分	超差不得分		
	角度误差不大于 1°			10 分	超差不得分		
冲眼	冲眼落点的分布			5 分	不符合要求不得分		
	冲眼大小及均匀性			5 分	不符合要求不得分		
曲线	与曲线过渡圆滑			5 分	不符合要求不得分		
	与圆弧过渡圆滑			5 分	不符合要求不得分		
基准选择	基准选择正确			10 分	不符合要求不得分		
安全文明生产				10 分	违者不得分		
现场记录							

作业二评分表

工件号		座号		姓名		总得分	
项目	质量检测内容			配分	评分标准	实测结果	得分
划线	三个位置的垂直度找正误差小于0.4mm			18分	超差一处扣6分		
	三个位置尺寸基准位置误差小于0.6mm			18分	超差一处扣6分		
	划线尺寸误差小于0.3mm			24分	每超差一处扣3分		
	线条清晰，样冲点正确			18分	一处不正确扣3分		
	检查样冲点位置是否正确			12分	一处不正确扣2分		
安全文明生产				10分	违者不得分		
现场记录							

2.4 零件划线操作注意事项和学习建议

1. 注意事项

1）划线工具的使用方法及划线动作必须正确。

2）工具要合理放置。要把左手用的工具放在作业件的左面，右手用的工具放在作业件的右面，并要整齐、稳妥。

3）任何工件在划线后，都必须做一次仔细的复检校对工作，避免差错。

2. 学习建议

1）为熟悉各图形的作图方法，实习操作前可做一次纸上练习。

2）学习的重点是如何才能保证划线尺寸的准确性，划出线条细而清晰及冲点准确。

认一认：

1）在实验教师的指导下，认识划线工具。

2）观察实验教师所做的划线示范。

学习情境3　锯　　削

学习目标：

通过本学习情境的学习，你将做到：

1）能对各种形体材料进行正确的锯削，操作姿势正确，并能达到一定的锯削精度。

2）能根据不同材料正确选用锯条，并能正确装夹。

3）能够分析锯条折断的原因，分析锯缝产生歪斜的几种因素，找出防止方法。

4）做到安全和文明操作。

情境描述：

在机械加工制造中，有一种钳工加工方法是：对小材料或工件进行切断、切槽等处理——即锯削。锯削具有方便、简单和灵活等特点，只需要有锯条与锯弓、钳桌就可以完成操作不需要专门的机加工设备。应用场合：特别适用于单件、小批量生产，在临时工地以及切割异形工件、开槽、修整等场合。某厂要求同学们用锯削的方法完成图3-1和图3-2所示零件的加工并达到图样要求。

作业一：按图3-1所示锯削直角块。

要求：

1）会锯条安装。

2）学会基本的锯削姿势。

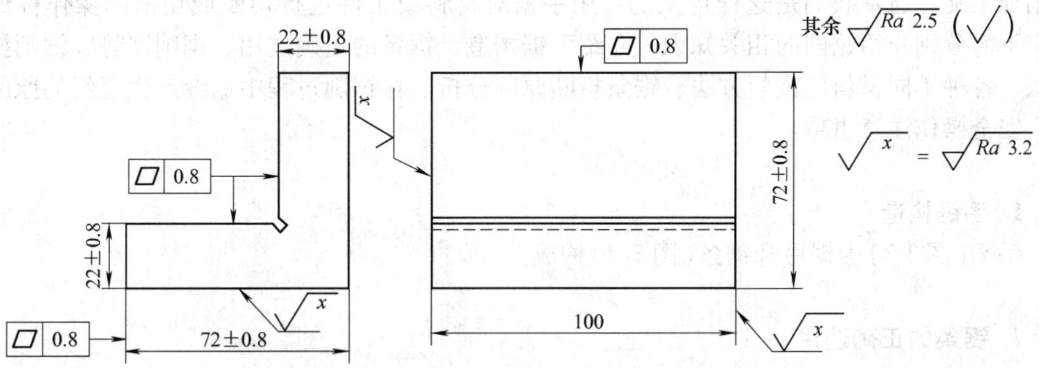

图3-1　直角块

作业二：按图3-2所示锯削四方体。

要求：

1）掌握正确锯削姿势。

2）会选择锯条。

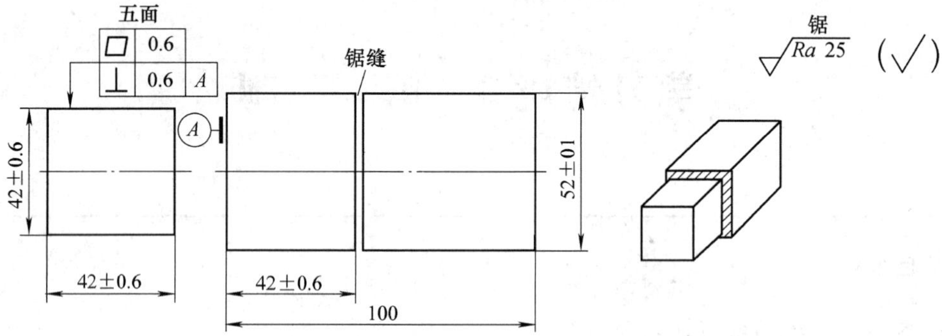

图 3-2　四方体

3）要求锯痕整齐。

4）做到动作协调自然。

相关知识：

想一想：

1）什么是锯削？锯削时需要准备什么工具和设备？

2）锯削应用在什么场合？

3）锯削加工时的工艺是什么？怎样才能加工好图 3-1、图 3-2 所示的零件。

4）锯削注意事项有哪些？

3.1　锯削相关知识

在机械加工中，不完全是依靠设备来进行加工，有些仍需要手工完成，如锯削。什么是锯削加工呢？通常我们是这样定义的：用手锯对材料或工件进行切断或切槽的操作称做锯削。下面分别介绍锯削的相关知识，介绍手锯构造、锯条的正确选用、锯削姿势、锯削操作方法、各种不同材料的锯削方法、锯条折断原因分析、在锯削过程中锯缝产生歪斜的原因分析、安全操作注意事项。

1. 手锯构造

手锯（图 3-3）由锯弓和锯条（图 3-4）构成。

2. 锯条的正确选用

在锯削操作中，正确选用锯条是很重要的工作。一般遵守如下规律：

1）锯削软材料或厚材料选用粗齿锯条。如锯削纯铜、青铜、铝、层压板、铸铁、低碳钢和中碳钢。

2）锯削硬材料或薄材料选用细齿锯条。如锯削硬钢、各种管子、薄板料、电缆、薄的角铁等。

3. 锯削姿势

（1）握法　如图3-5所示，右手满握锯柄，左手轻扶在锯弓前端。运动时把锯把的右手施力，左手压力不要过大，主要协助右手扶正弓锯。锯削时的往复运动分为两种：一种是直线往复用于锯削薄形工件及直槽；一种是常用的摆动式操作。无论哪种姿势都要求在锯削整个过程中要始终保持锯缝平直。

（2）姿势　如图3-6所示站立位置与锉削基本相似。

（3）压力　与锉削一致。

（4）运动和速度　一般采用小幅度上下摆动；速度为40次/min，软材料快，硬材料慢。

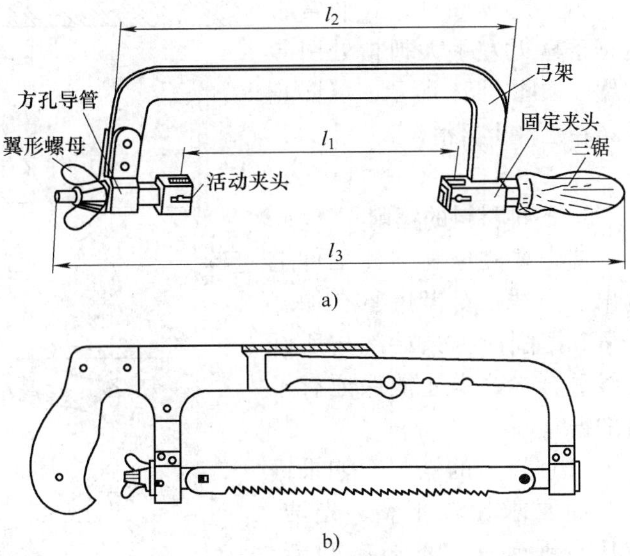

图3-3　手锯

a）固定式　b）可调整式

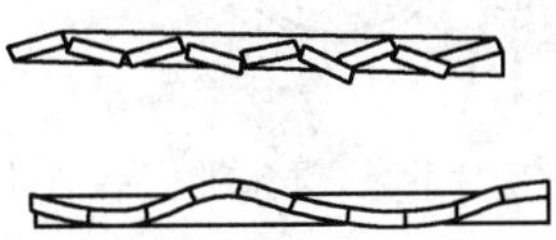

图3-4　锯条

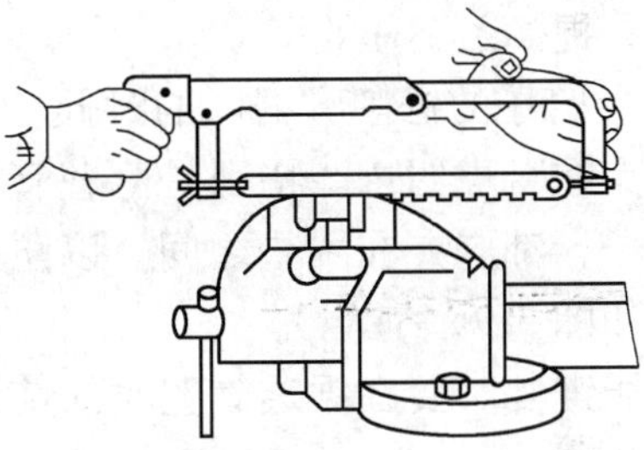

图3-5　手锯的握法

4. 锯削操作方法

（1）工件的夹持　要求：工件的夹挂应稳当、牢固可靠，不可有弹性，不能使工件装夹变形。

工件一般夹在台虎钳左面，工件伸出部分要短，一般锯缝离开钳口侧面约20mm，锯缝线与铅垂线方向一致，工件要夹牢靠，尤其是薄的角铁等材料。

（2）锯条的安装　手锯是在向前推的时候才起切削作用，所以锯条齿尖朝前，按图3-7所示的方向装锯条，不能反装。松紧程度以用手扳动锯条，感觉硬实即可。保证锯条平面与锯弓中心平面平行。

锯条装好后应检查锯条是否歪斜扭曲。安装锯条尽可能从右向左往销钉上挂。如果锯条折断会从右边飞出。不划伤离锯条较近的左手。

（3）起锯方法　起锯质量的好坏，影响到锯削的质量。

起锯的要求是：压力要小、速度要慢。

起锯分为远起锯和近起锯两种：远起锯如图3-8a所示，俯倾15°为宜；近起锯如图

3-8b 所示，仰倾 15°为宜。

为了起锯顺利，我们常常将锯条靠近左手大拇指处引导起锯，如图 3-8c 所示，以防止锯条在工件上打滑。

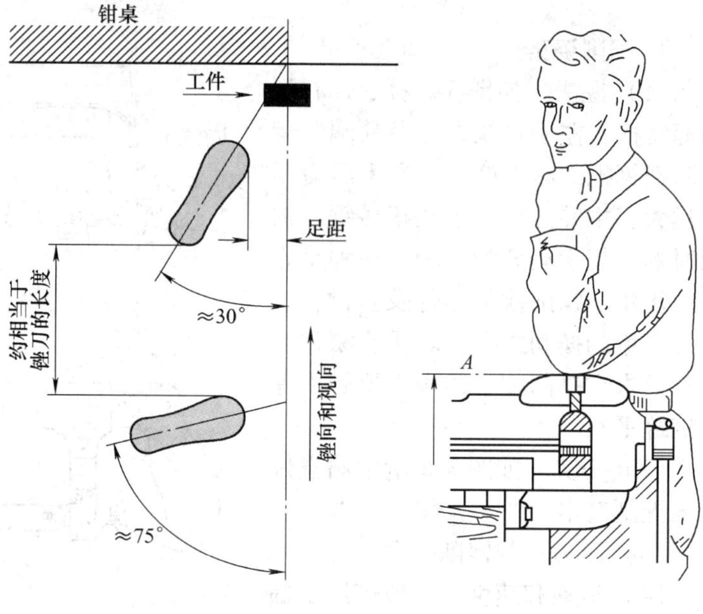

图 3-6　站立位置

5. 各种材料的锯削

首先要在原材料和工件上画出锯削线，要考虑留有加工余量。锯削时锯条始终与所画的线重合，这样才能保证有平直的锯缝。

（1）棒料的锯削　如果锯出断面要求比较平整、光洁。应从头锯到底，不要有间断。若锯削断面要求不高时，可将棒料转过一定角度再锯。这样由于锯削面变小而易锯入，提高了工作效率。

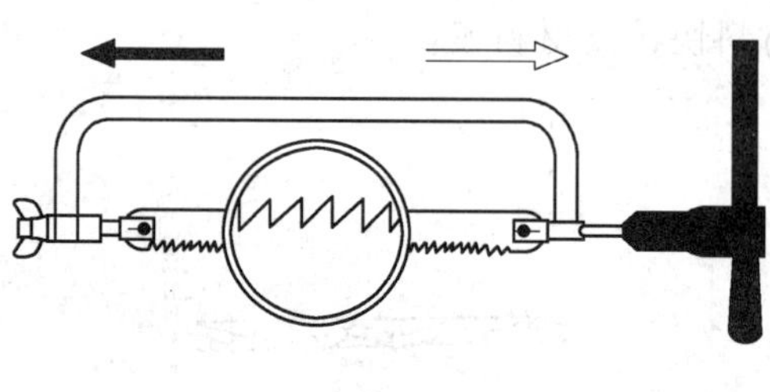

图 3-7　锯条的安装方法

（2）管子的锯削　锯削的时候，注意把管子水平地夹在台虎钳内。特别是薄壁管子和精加工后的管子，都应夹在木垫之间。以防夹扁和夹坏管子，如图 3-9a 所示。

管子锯削时要在锯透管壁时向前转一个角度再锯，否则易崩齿。

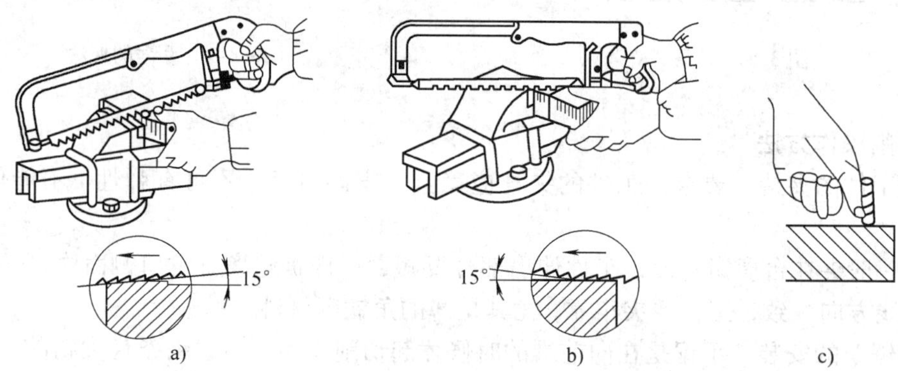

图 3-8　起锯

a）远起锯　b）近起锯　c）用拇指引导起锯

（3）板料的锯削　板料的锯削一般锯缝较长，工件装夹要有利于锯削的进行。

1）薄板料的锯削。如图 3-10 所示，在锯削薄板时，为了增加同时工作的齿数，并增强工件的刚性，常常将几块薄板夹于台虎钳内的木垫之间，锯削时，连同木板一起锯开做横向锯削。

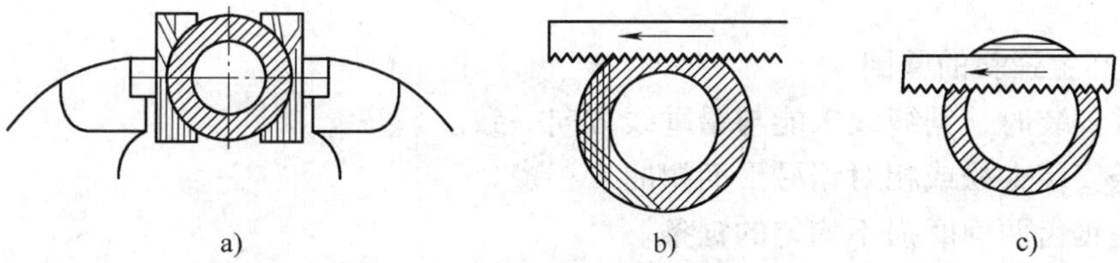

图 3-9　管子的夹持和锯削

a）管子的夹持　b）转位锯削　c）不正确的锯削

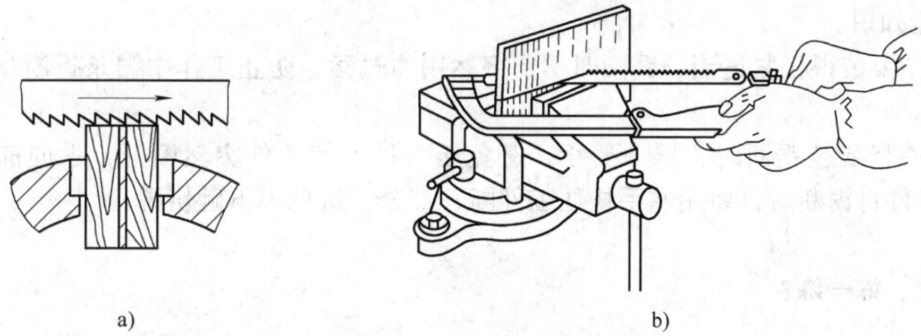

图 3-10　板料的锯削

a）锯条运动的方向　b）锯削的姿势

2）深缝锯削。当锯缝深度超过锯弓高度时，可重装锯条，即将锯条转过 90°，让锯弓转到工件旁边，如图 3-11b 所示。若将锯弓横下来仍不能完成锯削的情况下，则可将锯条安装成如图 3-11c 所示，锯齿朝向锯弓内的方向锯削。

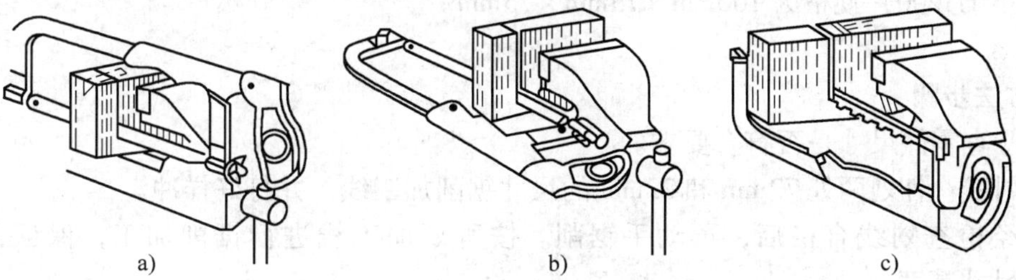

图 3-11　深缝的锯削

a）锯弓与深缝平行　b）锯弓与深缝垂直　c）反向锯削

（4）锯削条料、扁钢　锯削条料、扁钢时，尽可能从宽的一面锯下去。

6. 锯条折断原因

1）工件未夹紧，锯削时工件有松动。

2）锯条装得过紧或过松。

3）锯削压力过大或锯削方向突然偏离锯缝方向。

4）强行纠正歪斜的锯缝或调换新锯条仍在原锯缝过猛地锯下。

5）锯削时锯条中间局部磨损，当拉长锯削时而被卡住引起折断。

6）中途停止使用时，手锯未从工件中取出而碰断。

7. 锯缝产生歪斜的原因

1）工件安装时，锯缝线未能与铅垂线方向一致。

2）锯条安装太松或相对锯弓平面扭曲。

3）使用锯齿两面磨损不均匀的锯条。

4）锯削压力过大使锯条左右偏摆。

5）锯弓未扶正或用力歪斜，使锯条偏离锯缝中心平面，而斜靠在锯削断面的一侧。

8. 安全知识

1）锯条要装得松紧适当，锯削时不要突然用力过猛，防止工作中锯条折断从锯弓上崩出伤人。

2）工件将要被锯断时，压力要小，避免压力过大使工件突然断开，手向前冲造成事故。一般工件将锯断时，要用左手扶住工件断开部分，避免掉下砸伤脚。

做一做、练一练：

3.2 直角块和四方体的锯削操作实习过程

作业一：

1. 工、量、刃具以及材料的准备

划针、样冲、锯弓、锯条、金属直尺。

材料：HT200，规格为100mm×75mm×75mm。

2. 方法步骤

1）检查零件尺寸是否符合要求。

2）划线：各划两处72mm和22mm的尺寸锯削加工线，并打好样冲。

3）经检查划线合格后，再动手锯削。按所划加工线进行锯削加工，保证72mm和22mm的尺寸精度。

4）用直尺检测各平面度达到0.8mm。

5）去毛刺。

6）锯削直角块的余料100mm×52mm×52mm用作锯削零件2——四方体的原料。而该锯削成品——直角块则用于锉削作业二的平行直角块的原料。

作业二：

1. 工、量、模具以及材料的准备

划针、样冲、手工锯、锯条、钢直尺、游标卡尺、游标高度尺。

材料：HT200，规格为作业1锯削后的余料100mm×52mm×52mm。

2. 实习步骤

1）检查材料尺寸是否符合要求。

2）划线：划正立方体时长宽高各为42mm的锯削加工线，并打好样冲。

3）经检查划线合格后，再动手锯削。按所划加工线进行锯削加工，保证42mm×42mm×42mm的尺寸精度。

4）用直尺检测各平面度达到0.6mm。

5）复检、去毛刺。

6）锯削成品42mm×42mm×42mm的正立方体用于锉削作业，锯削正立方体的长方体余料可用于综合训练。

总结锯削的工作步骤如下：

1）熟悉零件图样，划锯削加工线。打样冲。

2）按要求锯削。保证尺寸和平面度等要求，并保证锯痕整齐。

3）检查，去毛刺。

3.3 直角块和四方体的锯削学习评价

作业一评分表

工件号		座号		姓名		总得分	
项目	质量检测内容			配分	评分标准	实测结果	得分
锯削	(22 ±0.8)mm			24分	超差不得分		
	(72 ±0.8)mm			24分	超差不得分		
	平面度0.8mm			24分	超差不得分		
	锯削姿势正确			12分	目测		
	表面粗糙度 $Ra25\mu m$			6分	升高一级不得分		
安全文明生产				10分	违者不得分		
现场记录							

作业二评分表

工件号		座号		姓名		总得分	
项目	质量检测内容			配分	评分标准	实测结果	得分
锯削	(42 ±0.6)mm			30分	超差不得分		
	平面度0.6mm			20分	超差不得分		
	垂直度0.6mm			30分	超差不得分		
	表面粗糙度 $Ra25\mu m$			10分	升高一级不得分		
	安全文明生产			1分	违者不得分		
现场记录							

3.4 锯削操作时的注意事项与学习建议

1. 注意事项

1）锯削练习时，必须注意工件的安装及锯条的安装是否正确，并要注意起锯方法和起锯角度是否正确，以免一开始锯削就造成废品和锯条损坏。

2）初学锯削，对锯削速度不易掌握，往往推出速度过快，这样锯条摩擦生热太快，使锯条快速磨钝。同时，也常会出现摆动姿势不自然，摆动幅度过大等错误姿势，应注意及时纠正。

2. 学习建议

1）要适时注意锯缝的平直情况，及时纠正。

2）在锯削钢件时，可加些机油，以减少锯条与锯削断面的摩擦并能冷却锯条，可以提高锯条的使用寿命。

3）锯削完毕，应将锯弓上张紧螺母适当放松，但不要拆下锯条，防止锯弓上的零件失散，并将其妥善放好。

认一认：

1）在实验教师的指导下，认识锯弓、锯条。

2）观察实验教师的操作示范。

学习情境4　錾　　削

学习目标：

通过本学习情境的学习，你将做到：

1）会錾子和手锤的正确握法，掌握锤击动作要领。

2）錾削姿势、动作达到初步正确，能够协调自然地操作手锤。

3）能够完成简单零件的錾削加工。

4）知道錾削时的安全和文明生产要求。

情境描述：

在机械加工过程中，有些零件不便于在机床上进行加工，必须采用钳工加工中的錾削方法来进行加工，即用手锤打击錾子对金属工件进行切削加工。请同学们完成图4-1和图4-2两个零件的錾削加工任务。

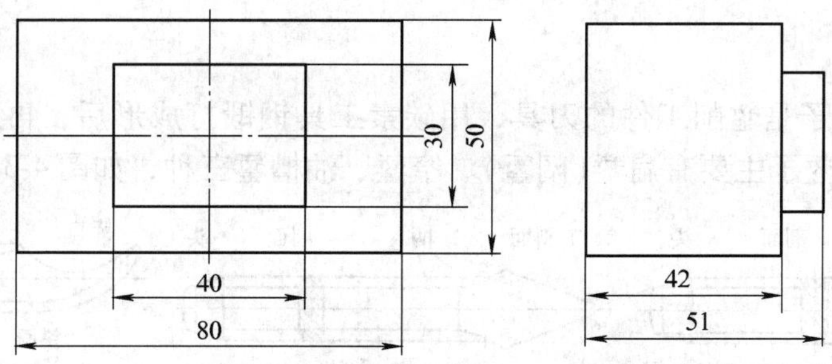

图4-1　錾削零件备料

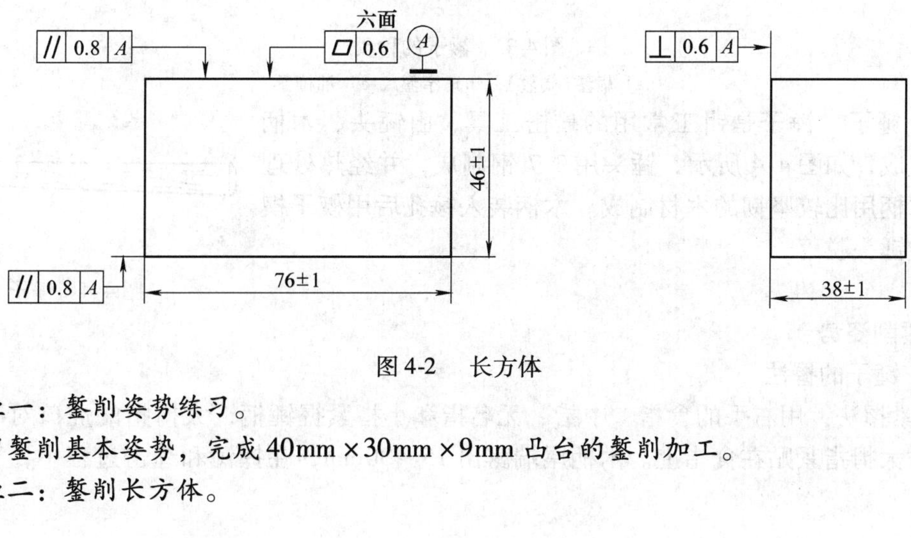

图4-2　长方体

作业一：錾削姿势练习。

练习錾削基本姿势，完成40mm×30mm×9mm凸台的錾削加工。

作业二：錾削长方体。

完成作业一中长方体(80mm×50mm×42mm)的后续錾削加工，达到图4-2所示的加工要求。

相关知识：

想一想：

1）什么是錾削？錾削时需要准备什么工具和设备？

2）錾削应用在什么场合？

3）錾削加工时的工艺是什么？怎样才能加工好如图4-1、图4-2所示的零件。

4）錾削注意事项有哪些？

4.1 錾削相关知识

在机械加工制造中，有一种钳工加工方法是：用手锤打击錾子以去除工件上多余材料的手工方法——即錾削。錾削具有方便、简单和灵活等特点，只需要有锤子与錾子、钳工桌就可以完成操作，不需要专门的机加工设备。应用场合：主要用于不便于机械加工的场合，如清除毛坯(如铸件或锻件)的披缝、零件外表面上多余的金属、分割材料、錾油槽等，有时也用于较小平面的粗加工。

用锤子打击錾子对金属工件进行切削加工的操作称做錾削。

1. 錾削工具

（1）錾子　錾子是錾削工件的刀具，用碳素工具钢锻打成形后，再进行刃磨和热处理而成，钳工常用的錾子主要有扁錾(阔錾)、窄錾、油槽錾三种，如图4-3所示。

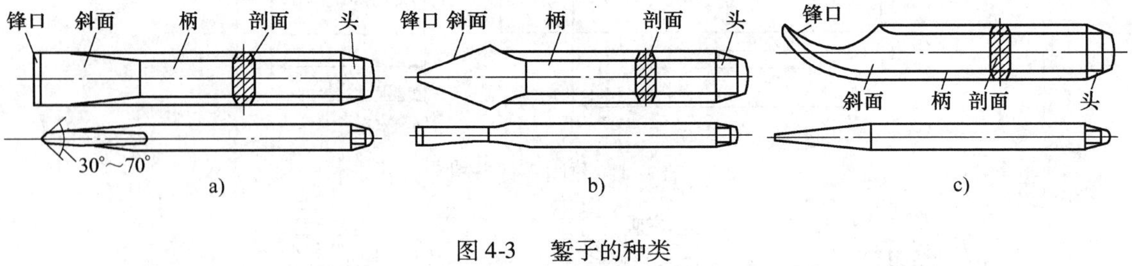

图4-3　錾子的种类

a）扁錾(阔錾)　b）窄錾　c）油槽錾

（2）锤子　锤子是钳工常用的敲击工具，由锤头、木柄和楔子组成，如图4-4所示，锤头用T 7钢制成，并经热处理淬硬，木柄用比较坚韧的木材制成。木柄装入锤孔后用楔子楔紧，以防锤头脱落。

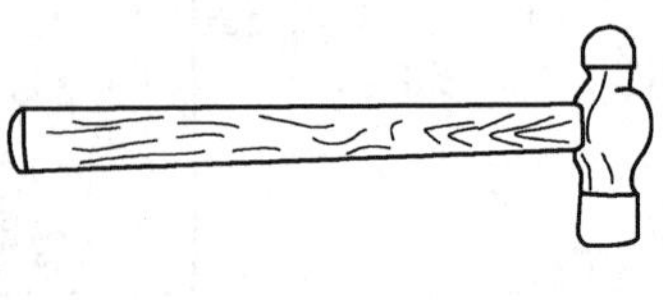

图4-4　锤子

2. 錾削姿势

（1）锤子的握法

1）紧握法：用右手的食指、中指、无名指和小指紧握锤柄，大拇指的虎口对准锤头方向，同时大拇指紧贴在食指上。木柄尾端露出15～30mm，在挥锤和锤击过程中，五指始终紧握并保持位置不变，如图 4-5 所示。

2）松握法：只用大拇指和食指始终握紧锤柄，在挥锤时(即锤子离开錾子时)，小指、无名指、中指则依次放松；在锤击时(即锤子打向錾子时)，又以相反的次序收拢握紧，如图 4-6 所示，这一种握法的优点是不易疲劳且锤击力大。

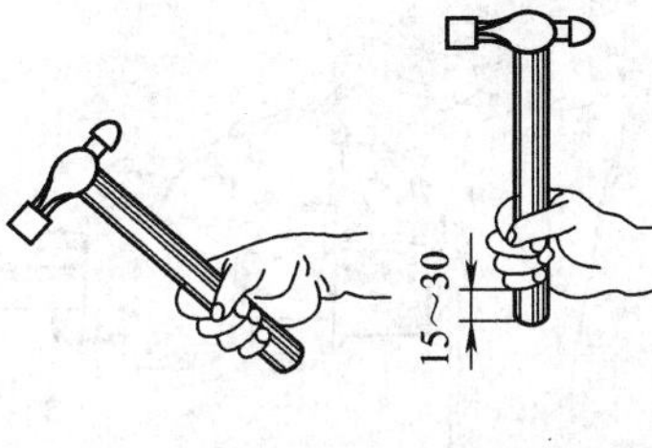

图 4-5　紧握法

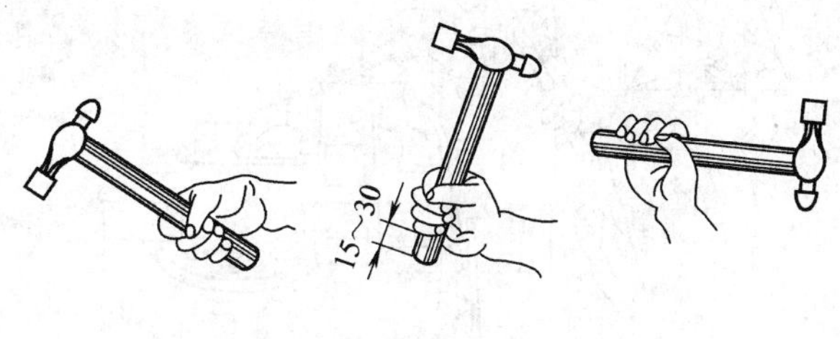

图 4-6　松握法

(2) 錾子的握法

1）正握法：手心向下，腕部伸直，用中指、无名指握住錾子，小指自然合拢，食指和大拇指自然伸直地松靠，錾子头部伸出约 20mm，如图 4-7a 所示。

2）反握法：手心向上，手指自然捏住錾子，手掌悬空，如图 4-7b 所示。

(3) 站立姿势　为了充分发挥较大的敲击力量，錾削时的站立位置如图 4-8 所示(钳工在台虎钳上工作时脚的基本站立位置适用于錾、锉、锯削)，站立在台虎钳的近旁，且略向前倾，左脚跨前半步，脚不需过分用力，膝盖处稍有弯曲，保持自然。右脚稍为朝后要站稳伸直，作为主要的支点。也不要过于用力。头部不应探前也不要后仰，并应面向工件。

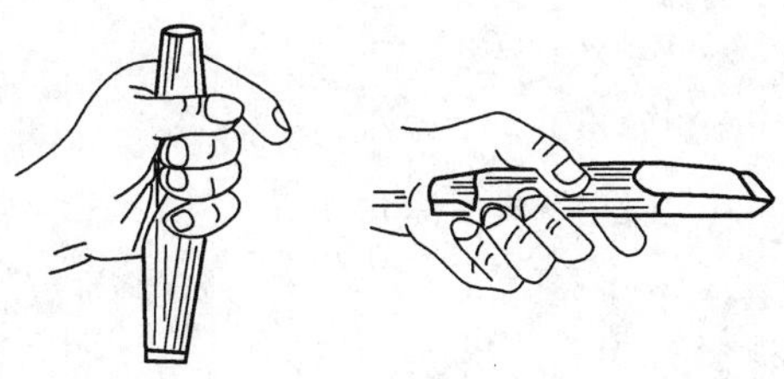

图 4-7　錾子的握法

a）正握法　b）反握法

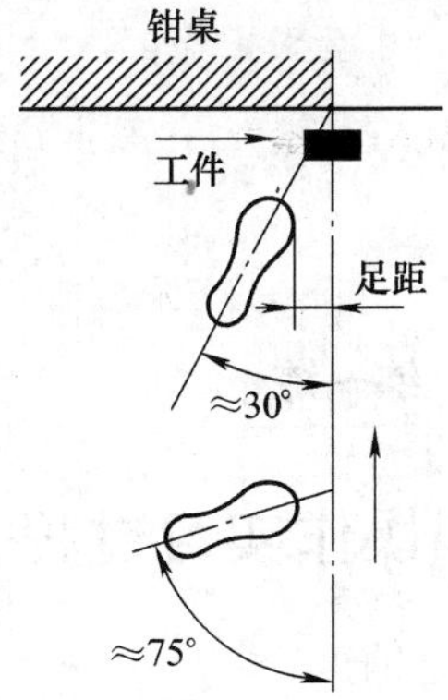

图 4-8　錾削时的站立位置

(4) 挥锤方法　挥锤有手挥、肘挥(图 4-9)和臂挥(图 4-10)。

1）手挥：只有手腕的运动，锤击力小。采用紧握法握锤。腕挥约每分钟 50 次。一般用于錾削开始和终了或錾油槽或錾制模具等场合(图 4-11a)。

2）肘挥：手腕与肘部一起挥动并进行锤击动作，锤冲力较大，运用最广。采用松握法，为肘挥约每分钟 40 次(图 4-11b)。

3）臂挥：手腕、肘和全臂一起运动，锤击力最大。一般应用较少。用于需要大力錾削的场合(图 4-11c)。

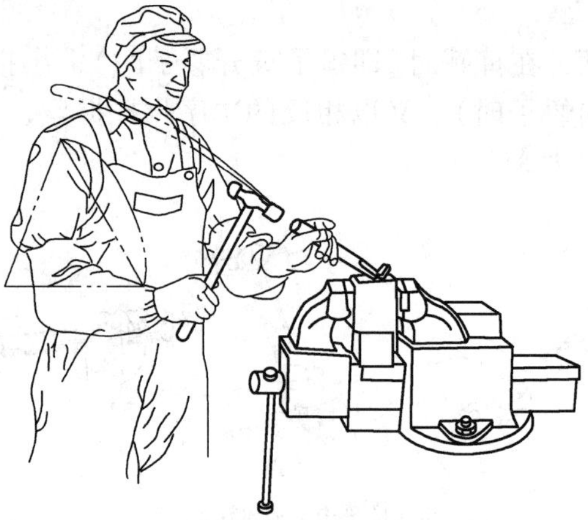

图 4-9　肘挥

图 4-10　臂挥

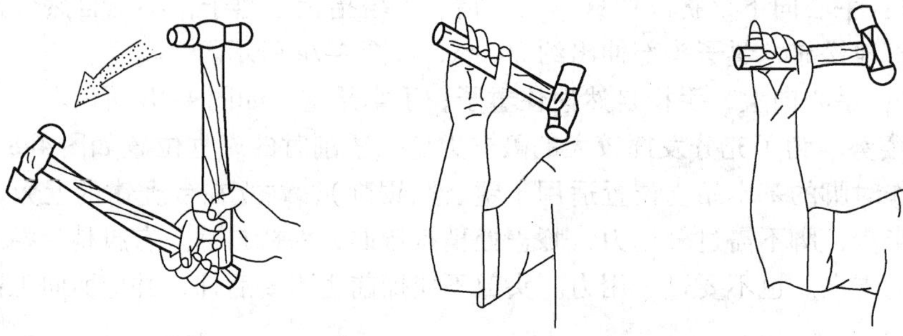

a)　　b)　　c)

图 4-11　挥锤的方法

a）手挥　b）肘挥　c）臂挥

做一做、练一练：

4.2　錾削操作实习过程

作业一：

1. 工、量、刃具及材料准备

呆錾子（材料 Q235）、无刃口錾子（材料为 T7A 或 T8A）、锤子、木垫、长方铁。

材料为 HT150。规格为 80mm × 51mm × 50mm。

2. 呆錾子锤击练习

将“呆錾子”夹紧在台虎钳中做锤击练习。左手按握錾要求握住呆錾子，做 1h 的挥锤和锤击练习，要求采用松握法挥锤，达到站立位置和挥锤的姿势动作基本正确以及有较高的锤击命中率。

左手握錾子时注意錾子头部伸出约 20mm，保护左手不被锤子打到（图 4-12a）。

3. 模拟錾削姿势练习

将长方铁坯件夹紧在台虎钳中，下面垫好木垫，用无刃口錾子对着凸肩部分进行模拟錾削姿势练习，统一采用正握法握錾、松握法挥锤。要求站立位置、握錾方法和挥锤姿势动作正确，锤击力量逐步加强(图4-12b)。

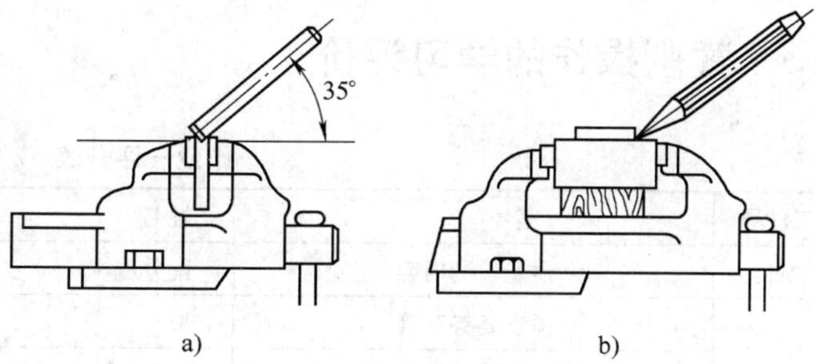

图4-12 錾子练习

a）用呆錾子进行锤击练习 b）用无刃口錾子进行錾削姿势练习

4）40mm×30mm×9mm 凸台的錾削加工

在达到握錾、挥锤的姿势动作和锤击的力量能适应实际的錾削练习时，进一步用已刃磨的錾子，把长方铁的凸台錾平(图4-13)。

作业二：

1. 工、量、刃具及材料准备

扁錾、尖錾、锤子、木垫块、软钳口、金属直尺、划针、涂料。

材料为HT150。规格为80mm×42mm×50mm(由作业一完成后所得到的长方体)。

2. 方法步骤

1）检查作业一完成后的坯料尺寸是否符合要求。

2）确定基准面A和标识长方体。根据毛坯料确定基准面A，作为第一加工面。为了加工的方便，首先对该长方体的各个面进行标识(按加工顺序标识面)，如图4-14所示。

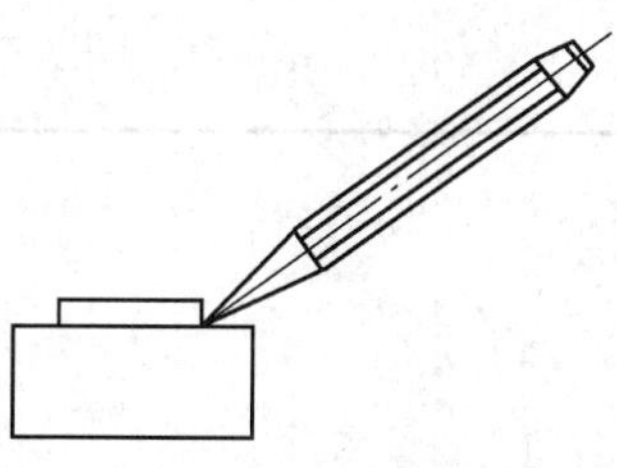

图4-13 錾平凸台面的练习

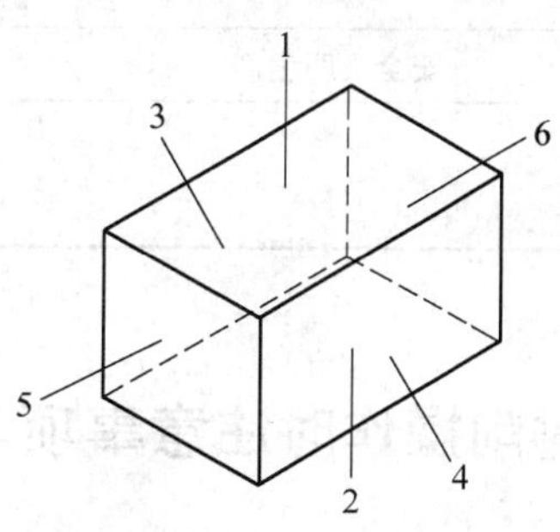

图4-14 錾削顺序

3）錾削基准面A。粗錾后精錾，要求錾纹整齐，并可用直尺检查錾削面，要求达到平面度0.6mm。合格后即为基准A。

4）按照要求对长方体划线、錾削。加工顺序与长方体所标识的一致。依次錾削，并一一达到技术要求。

5）复检、修整。

6）完成作业二后，将作品保存好，作为锉削作业的原料。

4.3 錾削操作的学习评价

作业一评分表

工件号		座号		姓名		总得分	
项目	质量检测内容			配分	评分标准	实测结果	得分
錾削	捶击姿势正确			30分	目测		
	錾削姿势动作正确			30分	目测		
	錾削凸台面			30分	金属直尺		
	安全文明生产			10分			
现场记录							

作业二评分表

工件号		座号		姓名		总得分	
项目	质量检测内容			配分	评分标准	实测结果	得分
錾削	(76±1)mm			8分	超差不得分		
	(38±1)mm			8分	超差不得分		
	(46±1)mm			8分	超差不得分		
	平面度0.6mm			18分	超差不得分		
	垂直度0.6mm 平行度0.8mm 錾削姿势正确			24分 9分 15分	超差不得分 超差不得分 目测		
安全文明生产				10分	违者不得分		
现场记录							

4.4 錾削操作时注意事项与学习建议

1. 注意事项

1）要正确使用台虎钳，夹紧时不应在台虎钳的手柄上加套管子扳紧或用锤子敲击台虎钳手柄，工件要夹紧在钳口中央(图4-15)。

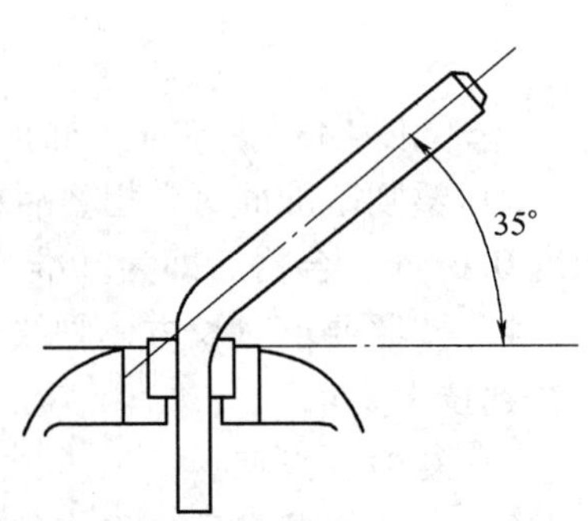

图4-15 錾削时工件的安装位置

2）要仔细认真地观摩教师的每一个示范动作，使每个操作动作在自己的意识中形成正确且具体的形象。

3）要及时纠正自己的错误姿势，不能让不正确的姿势成为习惯，否则以后再纠正就困难多了。

2. 学习建议

（1）锤击要领

1）挥锤：肘收臂提，举锤过肩；手腕后弓，三指微松；锤面朝天，稍停瞬间。

2）锤击：目视錾刃，臂肘齐下；收紧三指，手腕加劲；锤錾一线，锤走弧形；左脚着力，右腿伸直。

3）要求：稳——速度节奏 40 次/min；准——命中率高；狠——锤击有力。

初次练习錾削，可能会出现手上起泡或被手锤敲破手及手臂酸痛等情况，要有思想准备，要树立克服困难的决心和信心。

（2）安全问题

1）练习工件在台虎钳中必须夹紧，伸出高度一般以离钳口 10～15mm 为宜，同时下面要加木衬垫。

2）发现锤子木柄有松动或损坏时，要立即装牢或更换；木柄上不得沾有油，以免使用时滑出。

3）錾子头部与锤子头部有明显毛刺时，应及时磨去。

4）锤子应放置在台虎钳右边，柄不可露在钳台外面，以免掉下伤脚。錾子应放在台虎钳的左边。

认一认：

1）在实验教师的指导下，认识锤子、錾子。

2）观察实验教师的操作示范。

学习情境5　锉　　削

学习目标：

通过本学习情境的学习，你将做到：

1）掌握正确的平面锉削时的站立位置、锉削姿势及动作要领。

2）熟悉锉削工具的使用方法。

3）能够正确操作，完成简单零件的锉削加工，达到一定的锉削精度。

4）会锉刀的保养和锉削时的安全文明生产。

5）会用量具测量工件。

情境描述：

在机械加工制造中，有一种钳工加工方法是：在对工件进行锯削或錾削后，用锉刀对工件进一步进行切削加工的一种手工方法——称做锉削。为了学会锉削请同学们完成如下锉削练习：

作业一：锉削长方体。练习锉削基本姿势，完成图5-1的锉削加工，工件达到图样要求。

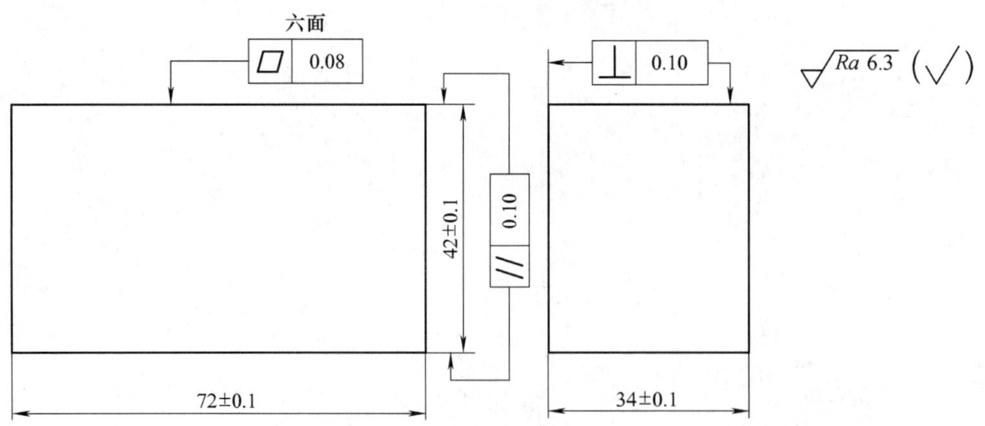

图5-1　锉削长方体

要求：

1）掌握正确的锉削姿势。

2）学会使用锉削工具、提高平面锉削技能。

3）会用量具测量。

作业二：锉削平行直角块。完成图5-2的锉削加工，工件达到同样要求。

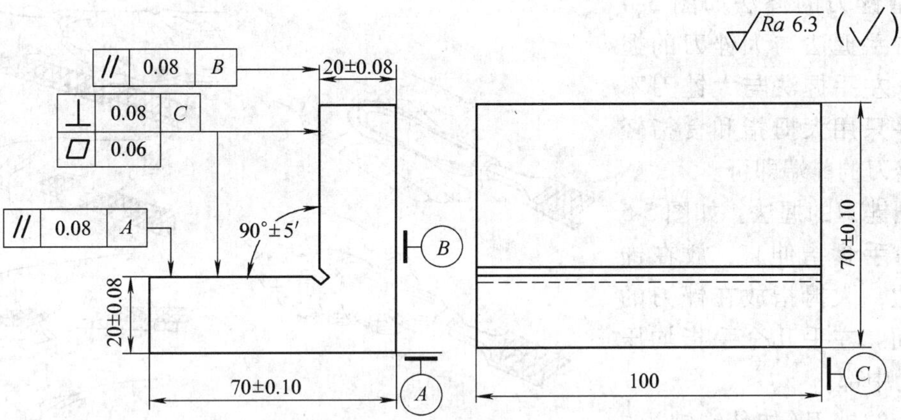

图 5-2 锉削平行直角块

要求：

1）锉削姿势正确，进一步提高操作技能。

2）会使用量具检测零件。

3）锉削表面粗糙度不超过 Ra6.3μm。

相关知识：

想一想：

1）什么是锉削？锉削时需要准备什么工具和设备？

2）锉削应用在什么场合？

3）锉削加工时的工艺是什么？怎样才能加工好图 5-1、图 5-2 所示的零件。

4）锉削注意事项有哪些？

5.1 锉削相关知识

用锉刀对金属零件进行切削加工的操作称做锉削。锉削具有方便、简单和灵活等特点，只需要有锉刀、钳桌就可以完成操作，不需要专门的机加工设备来加工。应用场合：可用于零件的平面、曲面、内外圆弧、沟槽以及复杂表面进行加工。锉削可用于成形样板以及模具型腔、零部件总装装配时的修整。锉削的最高精度可达到 IT7—IT8 级，表面粗糙度可达到 Ra1.6～0.8μm。

1. 平面锉削的姿势

（1）锉刀握法　如图 5-3 所示。板锉大于 250mm 的握法：右手握锉刀柄，柄端顶住掌心，大拇指置于柄的上端，其余四指自然握紧刀柄；左手大拇指根部压在锉刀的另一端、中指和无名指自然下垂捏住前端、食指和小指自然收拢。配合右手使锉刀保持平衡、同步运动；实施锉削的操作。左手有三种握法，如图 5-3a 所示。无论怎样的握法，一定要注意的是左用肘部均要抬起。

中型锉刀的握法如图 5-4 所示。右手握法与大锉刀的握法相同，左手握法与大锉刀不同，左手只用大拇指和食指轻轻捏住锉刀的前端即可。

小型锉刀的握法：如图 5-5 所示。右手食指伸直，放在锉刀的刀边，大拇指放在锉刀的木柄上面。左手几个手指均压在锉刀的中部。

更小的锉刀(如什锦锉)的握法：则用右手拿住刀身，食指放在锉刀的上部，大拇指放在锉刀的左侧。

(2) 姿势动作　锉削时足的站立角度、身体姿势和工作方法是什么样的呢？

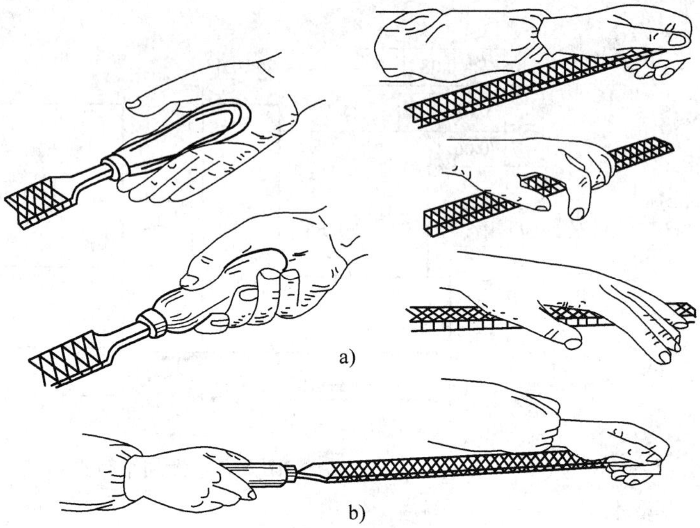

图 5-3　锉刀的握法

a) 左右手的握法　b) 双手配合握锉

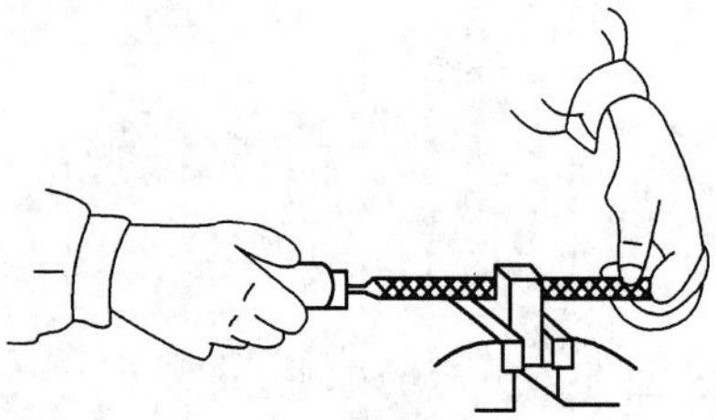

图 5-4　中型锉刀的握法

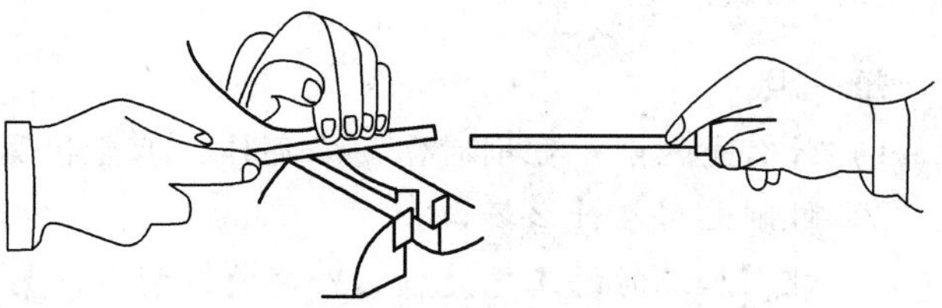

图 5-5　小型锉刀的握法

锉削时足的站立角度以图 5-6a 所示为宜。台钳钳口的高度以抵达工人肘下(拳抵鄂下)为宜(图 5-6)。个矮的人可垫踏脚板提高。过高与过低均不利于工人的操作。

(3) 站立位置　操作者面对台虎钳站在虎钳中心线的一侧如图 5-7 所示。

站立姿势(见图 5-8)：两脚站稳，身体稍向前倾，左右脚的角度如图 5-6a 所示，左脚与工件中心线成 30°倾角、右脚与工件中心线成 75°。重心放在左脚上，左膝弯曲，右腿伸直。两肩自然放平，目视锉削面，右小腿和锉刀成一直线并与锉削面平行，左小腿与锉削面基本保持平行。

2. 锉削时两手的用力和锉削速度

要锉出平直的平面，必须使锉刀保持直线的锉削运动。为此，锉削时右手的压力要随锉刀推动而逐渐增加，左手的压力要随锉刀推动而逐渐减小(见图 5-9)。回程时不加压力，以减少锉齿的磨损。

锉削速度一般应在 40 次/min 左右，推出时稍慢，回程时稍快，动作要自然协调。

3. 平面的锉法

（1）顺向锉法 如图5-10所示，锉刀运动方向与工件夹持方向始终一致。在锉宽平面时，为使整个加工表面能均匀地锉削，每次退回锉刀时应在横向做适当的移动。顺向锉的锉纹整齐一致，比较美观，这是最基本的一种锉削方法。锉不宽的平面、最后锉光以及精锉时常常采用这种方法。

（2）交叉锉法 如图5-11所示，锉刀运动方向与工件夹持方向成30°~40°，且锉纹交叉。由于锉刀与工件的接触面大，锉刀容易掌握平稳，同时，从锉痕上可以判断出锉削面的高低情况，便于不断地修正锉削部位。交叉锉法一般适用于粗锉，精锉时必须采用顺向锉法。

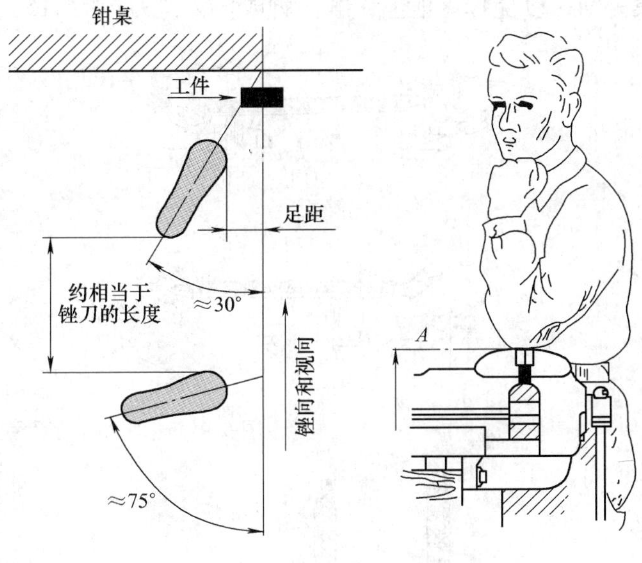

图5-6 脚的站立角度及台虎钳钳口合适高度

a）脚的站立角度 b）台虎钳钳口的合适高度

在锉平面时，交叉锉与顺向锉一样在退回锉刀时，依次在横向上适当移动，目的是为了使整个加工表面都能均匀地锉到，如图5-12所示。

（3）推锉法 当加工余量较小、锉平面、弧面或修正尺寸时可采用这种锉削方法，如图5-13所示。两手横握锉刀，用大拇指推动锉刀顺着工件长度方向进行锉削。这种方法加工效率低。

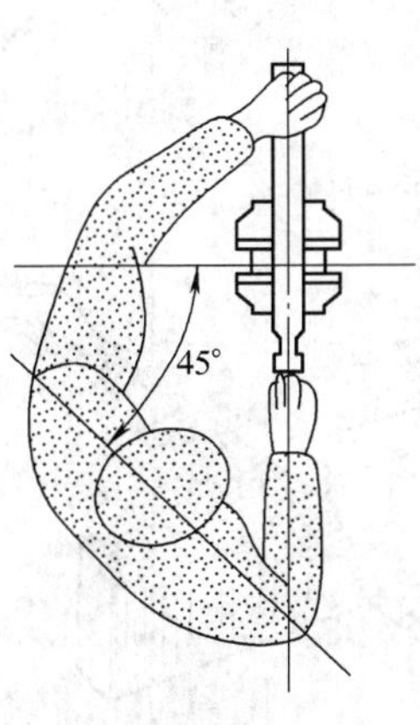

图5-7 站立位置

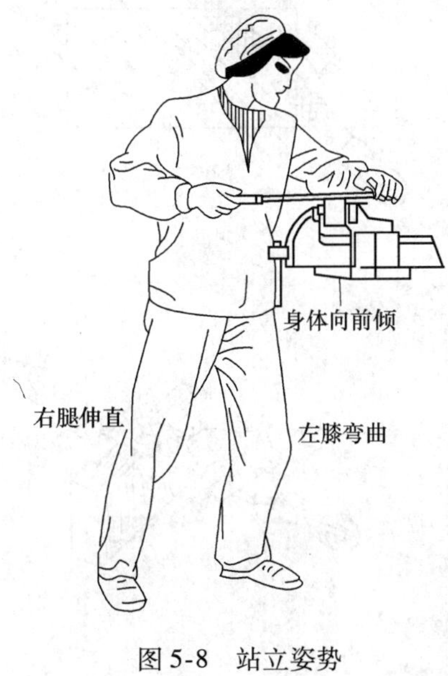

图5-8 站立姿势

4. 锉削时的文明生产和安全生产知识

1）锉刀是右手工具，应放在台虎钳的右面（图5-14）；放在钳桌上时锉刀柄不可露在钳桌外面，以免掉落地上，砸伤脚或损坏锉刀(图 5-15)。

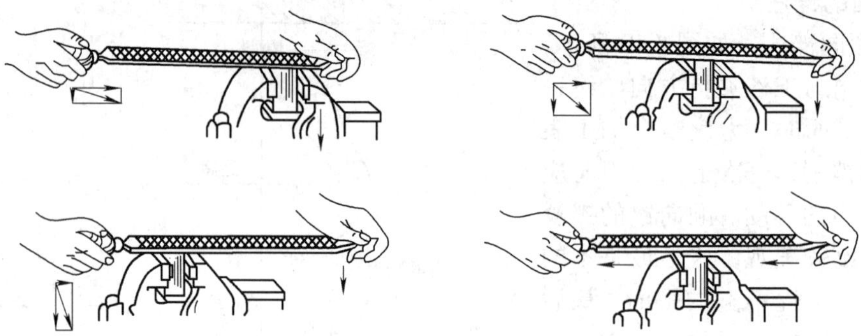

图 5-9　锉平面时两手用力情形

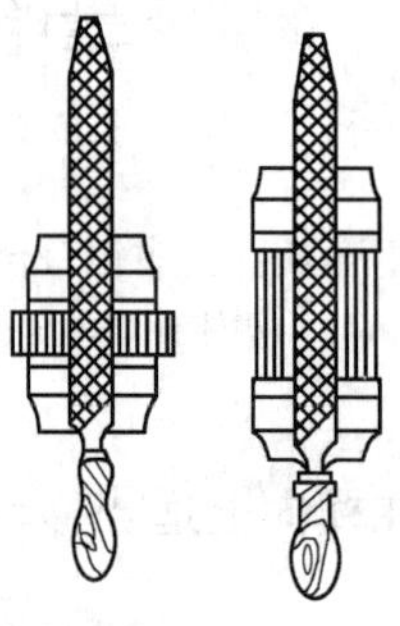

图 5-10　顺向锉法

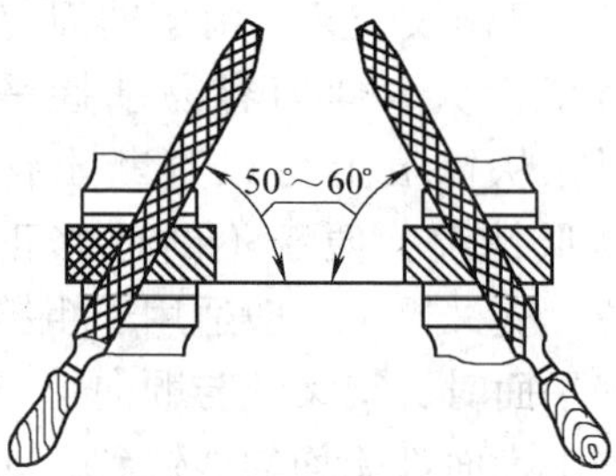

图 5-11　交叉锉法

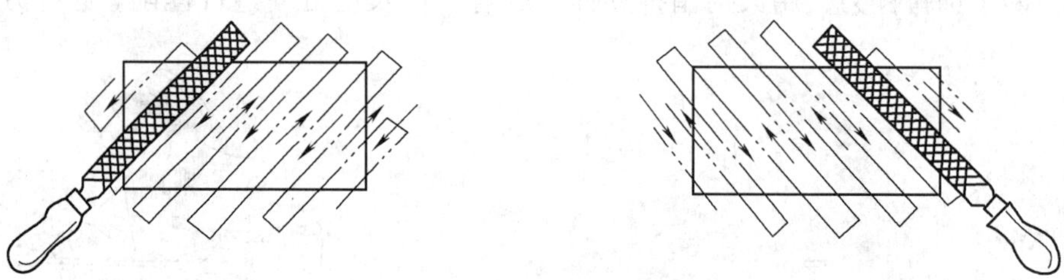

图 5-12　每次退回锉刀时宜做横向移动

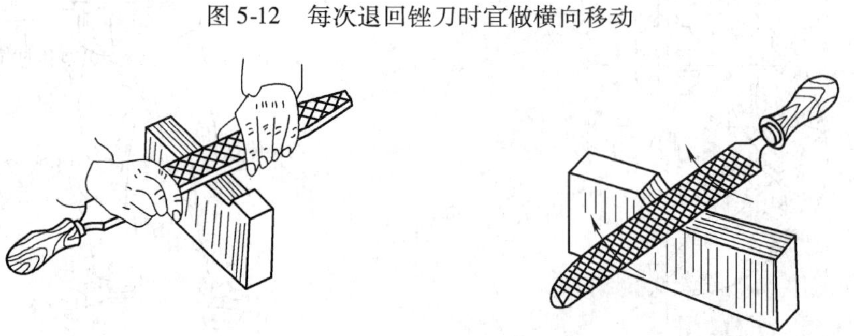

a)　　b)

图 5-13　推锉法

a）锉平面　b）锉弧面

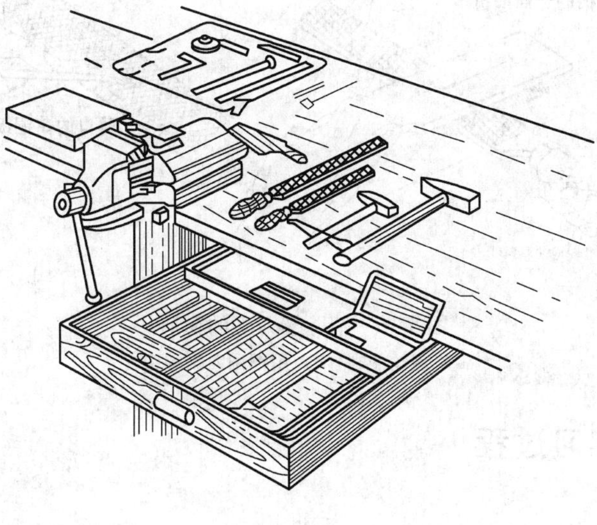

图 5-14 工具的摆放

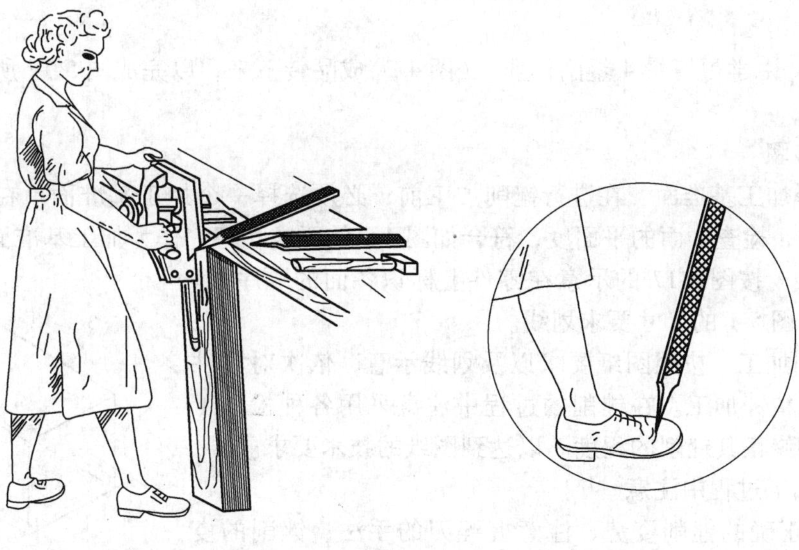

图 5-15 危险的例子

2）没有装柄的锉刀，锉刀柄已裂开或没有锉刀柄箍的锉刀不可使用。

3）锉削时锉刀柄不能撞击到工件，以免锉刀柄脱落造成事故。

4）注意清除锉刀上的积屑，不能用嘴吹锉屑，也不能用手擦摸锉削表面(图 5-16)。用钢丝刷锉(图 5-16a)，为了避免锉齿磨钝，钢丝刷只可顺着齿面的方向刷。用薄口黄铜刀片清除锉刀上的积屑(图 5-16b)，当积屑嵌牢在大锉刀的锉齿时，采用铜刮刀来剔除，同样只能顺着齿面的方向，刮刀的进刀方向如图 5-16b 所示。

5）锉刀不可作撬棒或作手锤用。

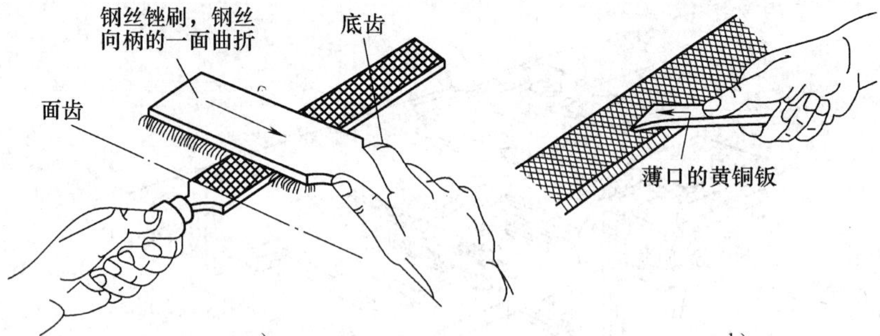

图 5-16　清除锉刀上的积屑

a）钢丝锉刷　b）用铜刮刀刷锉刀

5.2　锉削操作实习过程

作业一：

1. 工、量、刃具及材料准备

1）锯弓、锯条、平锉、三角锉、金属直尺、刀口形直尺、90°角尺、游标卡尺、游标高度尺。

2）材料：由学习情景 4 錾削作业二(图 4-2)成品转下来，以完成图 5-17 所示的加工。

2. 方法步骤

（1）选择加工基准面　在进行锉削加工前，必须选择一个加工基准面。在图 5-17 的六面体示意图中，检查 1 面的平面度，符合如图 4-2 的要求，把它作为加工基准面。

（2）划线　按图 5-17 的示意在零件上标识各面的顺序号。依次对各面按图 5-1 的尺寸要求划线。

（3）锉削加工　按照图纸要求以及划线示意，依次对零件各面进行粗、精锉加工。在锉削的过程中注意采用各种检验工具自检，以期修正其锉削的程度。以达到图纸的技术要求。

（4）在加工过程中注意

1）养成正确的锉削姿势、注意握锉刀的手法、锉削的姿势等要规范操作，经过练习力求做到动作协调、自然优美。

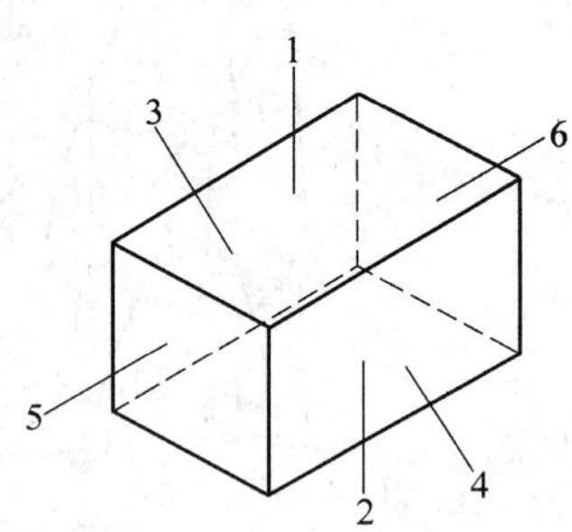

图 5-17　六面体加工示意图

2）锉削六面体各表面时，要优先选择最大的平面作为锉削基准面。为了减少累积误差、达到图纸上规定的尺寸要求以及形位公差的要求，锉削加工顺序按照以下原则进行：先锉平行面、后锉垂直面。

3）检查平面度时：利用刀口形直尺(或金属直尺)采用透光法来检验(图 5-18)，以刀口形直尺在加工面的纵向、横向和对角线方向逐一检查。通过光线透过来的均匀度和强弱来判断加工面是否平直。具体要判断误差度是多少，则要用塞尺来检查确定。

4）检查垂直度时：

① 首先用锉刀将零件的棱边倒钝(图 5-19)。

② 先将 90°角尺尺座测量面紧贴零件的基准面，然后逐步轻轻地向下移动，使 90°角尺

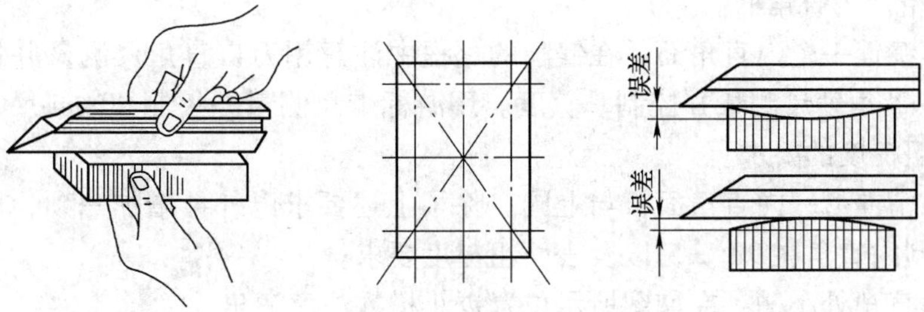

图 5-18　平面度检验

尺瞄的测量面与被测零件表面接触(图 5-20a)，眼睛平视观察透光情况，以此来判断零件的被测表面是否与基准面垂直。特别要注意的是：检查时，角尺不可斜放(图 5-20b)。

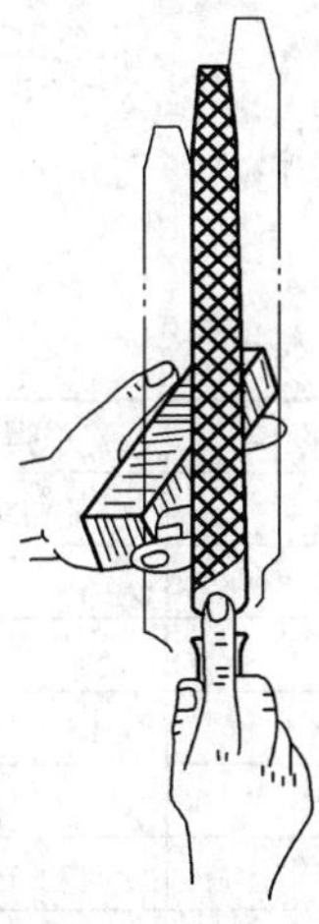

图 5-19　棱边倒钝

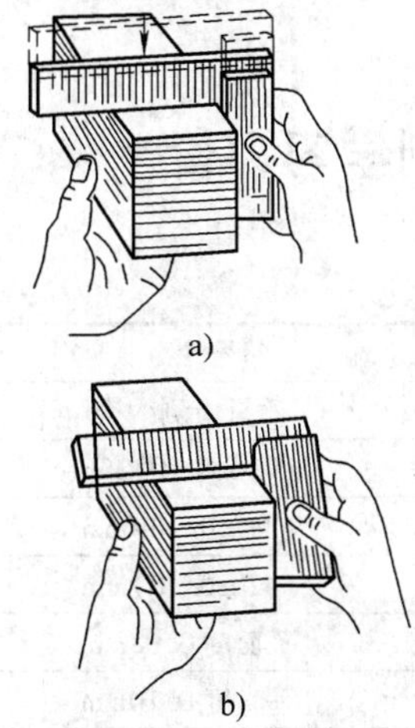

图 5-20　用 90°角尺检查零件垂直度

a）正确测量　b）错误的测量

③ 在同一平面检查不同位置的垂直度时，不可拖动角尺，以避免磨损和影响 90°角尺的精度。

（5）验收　用刀口形直尺、90°角尺、游标卡尺等检验工具，检测完成的锉削加工件是否符合图纸要求。并给予评价。

作业二：

1. 工、量、刃具及材料准备

平锉、三角锉、软钳口、游标高度尺、游标卡尺、游标万能角度尺、90°角度尺、刀口形直尺、金属直尺

材料：HT200　由学习情景 3 的图 3-1 直角块的加工成品而来。

2. 方法步骤

（1）检查来料质量：由学习情景 3 作业完成后的零件转来的毛坯尺寸是否符合要求。

（2）分析图纸、确定划线基准并划线　以图 5-2 所示的 A 和 B 面为基准面，分别划 70mm(2 处)，20mm(2 处)的锉削加工线。

（3）粗、精锉内直角面。

① 先粗、精锉一个内直角面：在锉削的过程中注意用刀口直角尺测量并控制平面度达图纸要求。用90°角度尺测量并控制垂直度。用游标卡尺测量并控制20mm尺寸精度。并全部要达到表面粗糙度的要求。

② 再粗、精锉另一内直角面：与上同。除了上述要求以外再增加一项，用游标万能角度尺测量并控制内直角在90°±5′以及表面粗糙度要求。

③ 锯削内直角处小槽：在如图所示位置锯小槽并注意清角。

④ 锉削加工70mm尺寸面(2处)，用游标卡尺测量并控制精度为(70±0.10)mm，以及表面粗糙度要求。

⑤ 复检：将做好的零件按图进行检验。并清理零件的表面，去毛刺和棱边倒钝。做好零件的标识。

5.3 锉削学习评价

作业一评分表

工件号		座号		姓名		总得分	
项目	质量检测内容			配分	评分标准	实测结果	得分
錾削	(72±0.10)mm			10分	超差不得分		
	(34±0.10)mm			10分	超差不得分		
	(42±0.10)mm			10分	超差不得分		
	平面度0.08mm			18分	超差不得分		
	垂直度0.10mm			24分	超差不得分		
	平行度0.10mm			8分	超差不得分		
	锉削姿势正确			10分	目测		
	安全文明生产			10分	违者不得分		
现场记录							

作业二评分表

工件号		座号		姓名		总得分	
项目	质量检测内容			配分	评分标准	实测结果	得分
錾削	(70±1)mm			20分	超差不得分		
	(20±0.08)mm			24分	超差不得分		
	平面度0.06mm			12分	超差不得分		
	垂直度0.08mm			10分	超差不得分		
	平行度0.08mm			10分	超差不得分		
	90°±5′			6分	超差不得分		
	表面粗糙度 $Ra6.3\mu m$			8分	升高一级不得分		
安全文明生产				10分	违者不得分		
现场记录							

5.4 锉削操作时的注意事项与学习建议

1. 注意事项

1）工件夹紧时，要在台虎钳上垫好软金属衬垫，避免工件端面夹伤。

2）在锉削时要正确掌握好加工余量，认真仔细检查尺寸要求等情况，避免超差；要采用顺向锉，并使用锉刀的有效全长进行加工。

2. 学习建议

1）基准面是作为加工控制其余各面的尺寸、位置精度的测量基准，故必须在达到其规定的平面度要求后，才能加工其他面。

2）为保证垂直度，各面的横向尺寸差值必须首先尽可能取得较高的精度；在测量时锐边必须去毛刺、倒钝，保证测量的准确性。

认一认：

1）在实验教师的指导下，认识各种锉刀和量具。

2）观察实验教师的操作示范。

学习情境6　钻孔与攻螺纹

学习目标：

通过本学习情境的学习，你将做到：

1）能够使用钳工常用设备、量具，完成孔的加工以及孔的精加工。

2）能够初步掌握麻花钻钻头的磨制。

3）能够使用钳工常用工具，加工内、外普通螺纹。

情境描述：

在某工厂，要完成图6-1零件的钻孔加工、图6-2零件的铰孔加工，要求同学们完成以下任务：

1. 钻孔练习

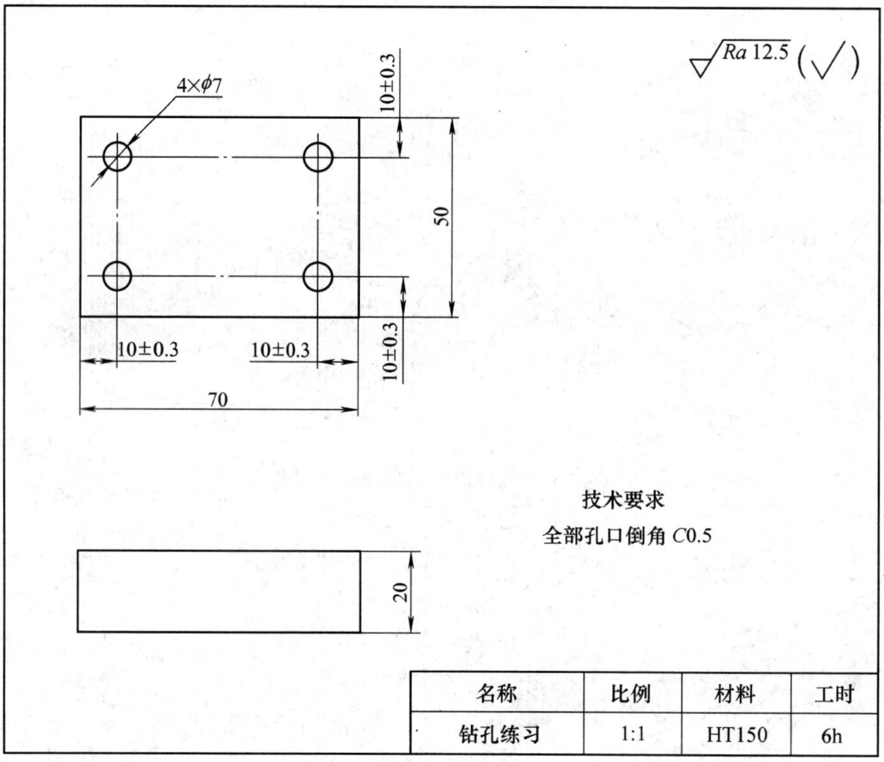

名称	比例	材料	工时
钻孔练习	1:1	HT150	6h

图6-1　钻孔练习

要求：

1）识认麻花钻钻头，了解其构成及各角度；了解直柄钻头与锥柄钻头的装夹和卸除过程。

2）练习刃磨钻头。

3）完成图6-1零件的钻孔加工。

2. 铰孔练习

要求：

1）识认铰刀。

2）在实验教师的指导下，按要求完成零件加工(图6-2)。

3. 攻螺纹、套螺纹加工

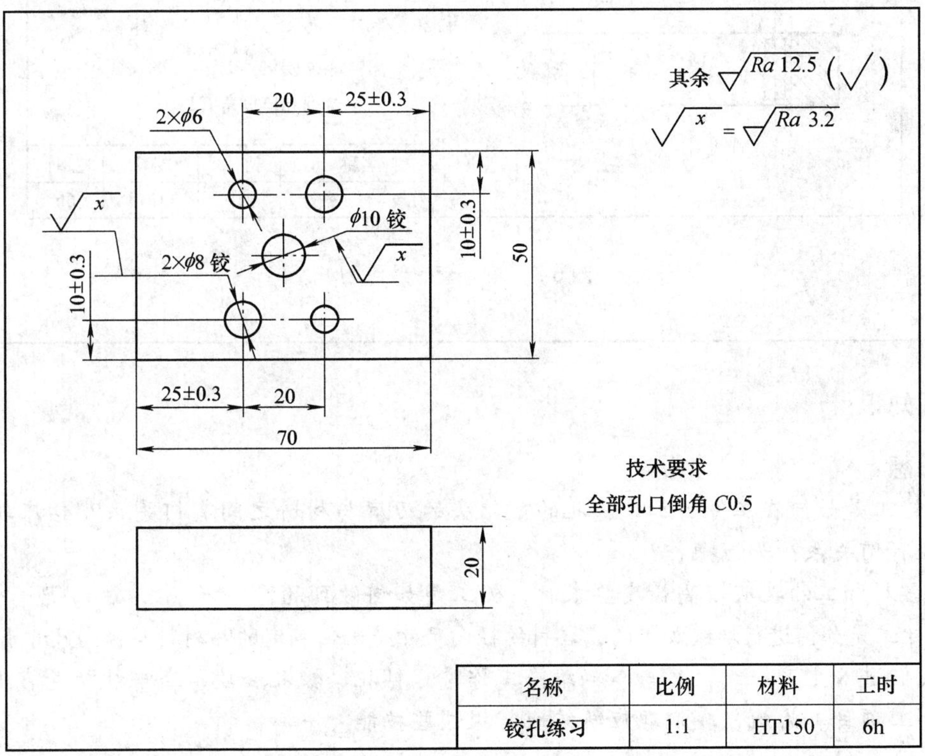

图6-2　铰孔练习

要求：

1）识认丝锥、铰杠、板牙和板牙架。

2）按要求完成零件加工(图6-3)。

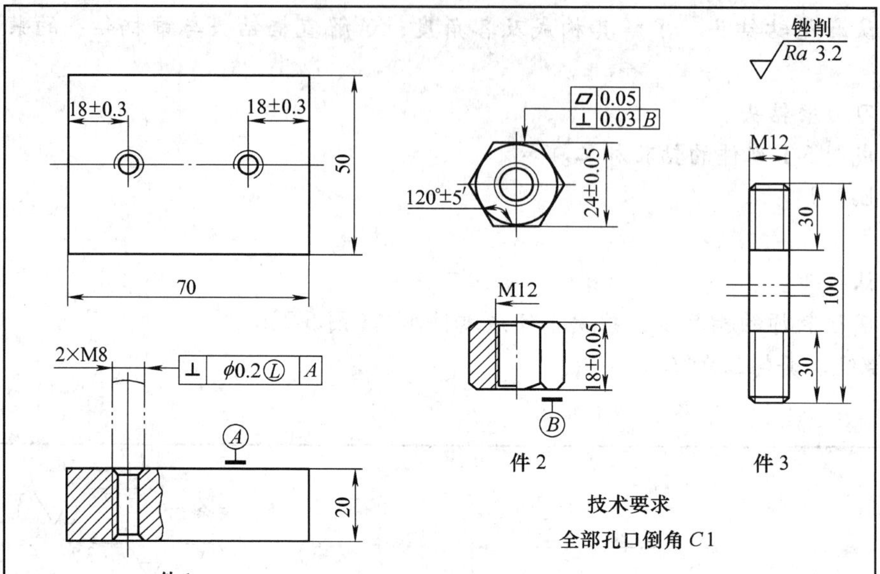

名称	比例	材料	工时
攻、套螺纹	1:1	Q235	6h

图6-3 攻、套螺纹练习

相关知识：

想一想：

1）钳工是如何在工件上加工出孔的？钻头的刃磨与材料之间有何关系？钻床转速与材料、孔径有何关系？如何操作？

2）当对加工的孔有较高精度要求时，钳工是如何做到的？

3）钳工是如何进行螺纹加工的，坯料的径向尺寸是如何确定的？材料与径向尺寸有何关系？

当我们进入生产一线，参与车辆维修工作时，钻孔、铰孔和攻、套螺纹就是我们经常要遇到的加工项目。为此，我们理应熟练地掌握这些技能。

6.1 概述

钻孔是钳工的主要作业项目之一。在机械制造业中，从制造一个零件到最后组装成机器，几乎都离不开钻孔。任何一种机器，没有孔是无法装配在一起的。钳工利用工具——钻床、钻头。在工件上作业，以加工出所需孔的过程，称为钻孔。

在孔的加工过程中，为了获得精度更高的孔，钳工在已加工好的孔的基础上，通过专用工具——绞刀，对孔进行进一步的加工，使孔达到所需精度，这个过程被称为铰孔。

在机器设备的组装中，往往需借助于螺纹进行紧固或密封。分别被称为螺纹连接和螺纹密封。而攻(套)螺纹就是钳工利用专用工具，对工件进行加工，从而形成螺纹结构的一种工作过程。

6.2　钻孔

所谓钻孔，就是利用钻头在材料上加工出孔的一种作业过程。钻孔时，工件固定不动，钻头在钻床的驱动下旋转，产生切削力，对工件材料进行切削，钻头边旋转边沿轴线前进，从而完成孔的加工。

对于钳工来讲，使用钻头在工件上加工出孔，需借助于钻床，钳工根据加工孔直径的大小，会选择不同的钻床，被加工孔的直径在12mm以下，用台式钻床如图6-4所示，超过12mm则采用立式钻床如图6-5所示，若要在较大工件上加工或所加工的孔的孔距较大，则需在摇臂钻床上进行如图6-6所示。

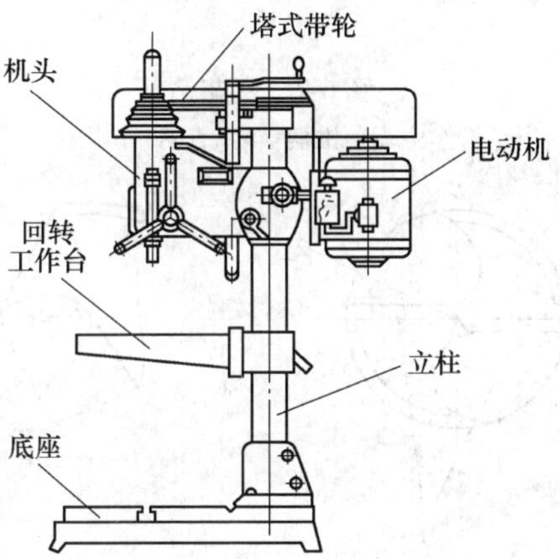

图6-4　台式钻床

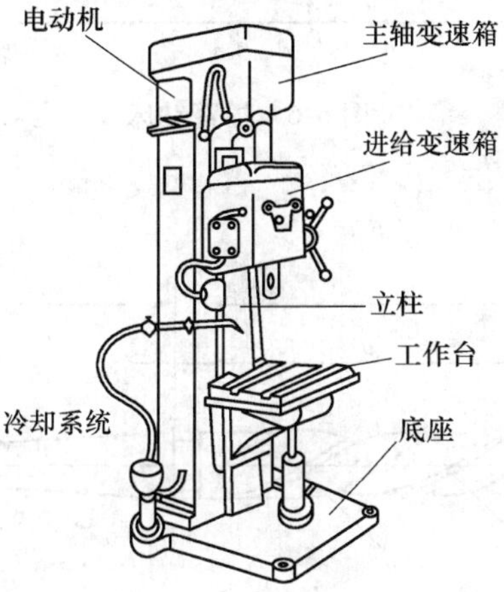

图6-5　立式钻床

1. 认识钻头

作为孔的加工工具，钻头有很多种，最常见的是一种被称为“麻花钻”的钻头，它是一种制式钻头，属标准件，如图6-7所示。它由柄部、颈部和工作部组成(钻头直径在12mm以下的钻头没有颈部)，如图6-8所示。

(1) 柄部　钻头直径在12mm以下的钻头的柄部为圆柱状，故又称为直柄麻花钻。而钻头直径在12mm以上的钻头柄部呈圆锥状(莫氏锥度)，又称为莫氏锥柄麻花钻，简称锥柄麻花钻，其由钻柄和扁尾构成。钻柄供装夹用，并用来传递钻孔时所需的转矩和轴向力；扁尾则供人们从钻床上拆卸钻头；颈部位于工作部与柄部之间，供在钻头的磨制过程中，用于砂轮退出。钻头的规格、材质、制造厂厂标一般都刻在颈部。

(2) 工作部　又分为切削部和导向部两部分，如图6-5所示。切削部担负着切削工作，它由一个横刃和两个主切削刃所组成。导向部分在钻孔时起引导钻头方向和修光孔壁的作用，同时还是切削部分的备磨部分。

(3) 切削部的组成　标准麻花钻的切削部分由前面、后面、主切削刃和横刃四个部分组成如图6-9、图6-10所示。

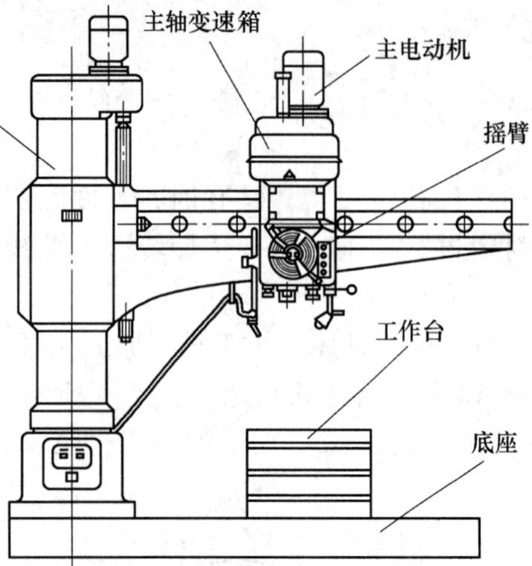

图 6-6　摇臂钻床

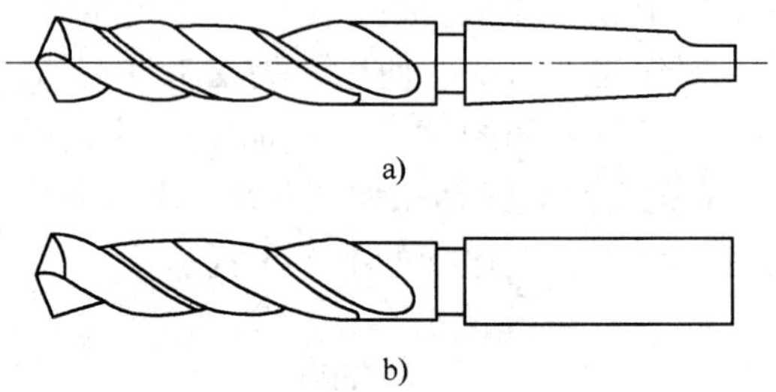

图 6-7　麻花钻
a）锥柄　b）直柄

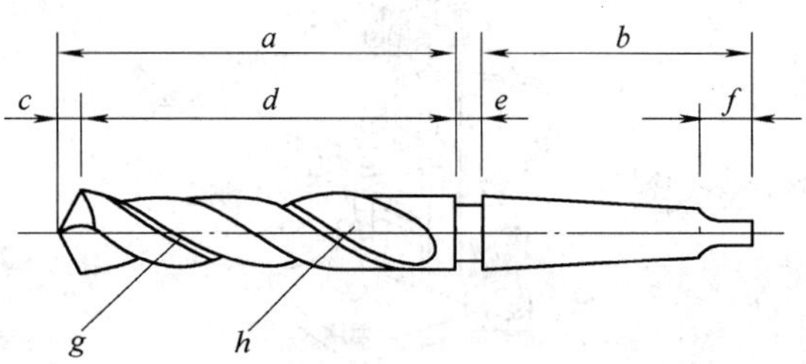

图 6-8　麻花钻的组成
a—工作部分　*b*—柄部　*c*—切削部　*d*—导向部分
e—颈部　*f*—扁尾　*g*—刃带　*h*—螺旋槽

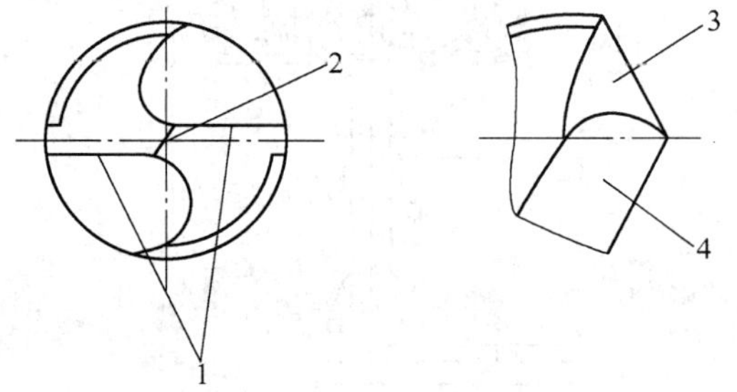

图 6-9　切削部分的组成
1—主切削刃　2—横刃　3—后面　4—前面

1）前面：切屑流过的表面。

2）后面：与以加工表面相对应的表面。

3）主切削刃：前面和后面的交线。

4）横刃：两个后面的交线。又称钻心尖，它位于钻头的最前端。横刃与主切削刃之间的夹角称为横刃斜角 ψ。横刃斜角越大，横刃越短，强度越低，越易磨损，但钻孔时阻力越小；反之，阻力越大。横刃斜角一般取 50°～55°。

（4）导向部　标准麻花钻的导向部分由下列部分组成：

1）螺旋槽。在麻花钻上有两条相对称的螺旋槽，其作用是正确形成切削刃和前角，并起排屑和输送切削液的作用。

2）刃带和齿背。刃带是钻头外表面沿螺旋槽高出 0.5～1mm 的窄带，在切削时它跟孔壁相接触，以保持钻头的方向。钻头表面低于刃带的部分称做齿背，其作用是减少摩擦。直径小于 0.5mm 的钻头，不制出刃带。

3）倒锥。导向部分直径略带倒锥，倒锥量在 100mm 长度为 0.03～0.12mm，其作用是减少摩擦。

4）钻心。两螺旋槽的实心部分称做钻心，其作用是连接两个刃瓣，以保持钻头的强度和刚度。

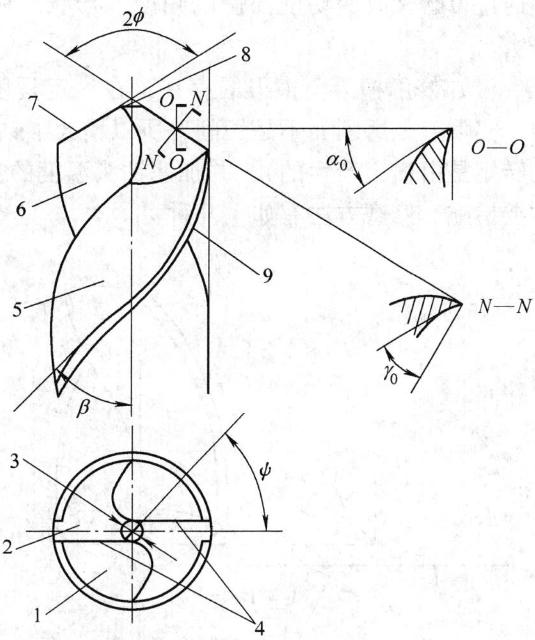

图 6-10　导向部分的组成

1—螺旋槽　2—后面　3—钻心　4—切削刃　5—齿背　6—前面　7—切削刃　8—横刃　9—刃带

2. 认识麻花钻上的角度

（1）锋角（又称顶角）2ϕ　锋角 2ϕ 是两主切削刃之间的夹角，标准麻花钻的锋角一般是 118° ±2°，如图 6-11 所示。锋角的大小决定了切削刃有效长度的长短，随着锋角的增大，切削刃的有效长度减小，切削厚度增大，导致作用在切削单位长度上的力增大，加大了钻头的磨损。

正是因为锋角的大小与切削有关，所以针对不同的材料，应选用不同的锋角值。实际中可按表 6-1 进行选择。

（2）前角 γ_0　前角 γ_0 由螺旋槽形成，是主切削刃上任一点的基面与前面之间的夹角，如图 6-12 所示。由于螺旋槽形状的特点，导致切削刃上各点上的前角均不相同，越靠近中心点，前角越小，越靠近边缘，前角越大。前角越大，切削层变形越小，切削产生的摩擦阻力就越小，切削就越省力，切屑也就越易流出。一般情况下，靠近中心处，前角约为 0°，靠近边缘处，前角为 18° ~ 30°；靠近横刃处的前角约为 −30°。

表 6-1　加工不同材料选取锋角数值

工件材料	2ϕ/(°)	工件材料	2ϕ/(°)
钢　铸铁　硬青铜	116 ~ 120	纯铜	125
不锈钢　高强度钢　耐热合金	125 ~ 150	铝合金　镁合金	90 ~ 100
黄铜　软青铜	130	硬材料　硬塑料　胶木	50 ~ 90
铝合金　巴氏合金	140		

（3）后角 α_0　切削平面与后面切线所成的角称做后角，用 α_0 表示，如图 6-13 所示。在实际加工过程中，由于工件材料的弹性变形，使钻头主后面与工件已加工表面之间有一段接触，从而造成了钻头与工件之间的摩擦，因此后角 α_0 越大，这种摩擦越小。后角的数值在主切削刃各点上也不相同，标准麻花钻外缘处后角为 8° ~ 14°。

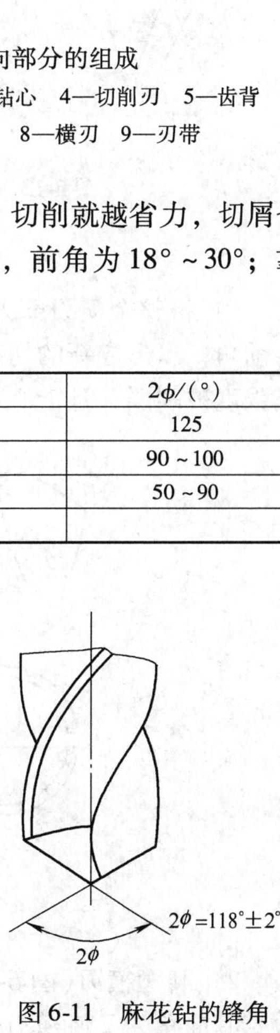

图 6-11　麻花钻的锋角

3. 麻花钻的修磨

麻花钻在使用一段时间后，由于发生了磨损，使其切削部分逐渐变钝，所以需要通过重新刃磨，使其恢复锋利；另外，为了提高钻削效率、改善麻花钻结构上的一些缺陷，也需根据钻削材料的不同通过刃磨来改变切削部份的角度、形状。所以，在实际使用中，经常需要对麻花钻进行修磨。

（1）修磨横刃　横刃的存在，在一定程度上给钻削带来影响，如，因横刃在钻削过程中，实际上是磨削而不是切削，所以增大了钻削阻力（据实验，钻削时 50% 的轴向力和 15% 的转矩是由横刃产生的），并加速钻头温度的升高，因此修磨横刃是改进麻花钻钻削性能的重要措施。修磨方法有如下几种：

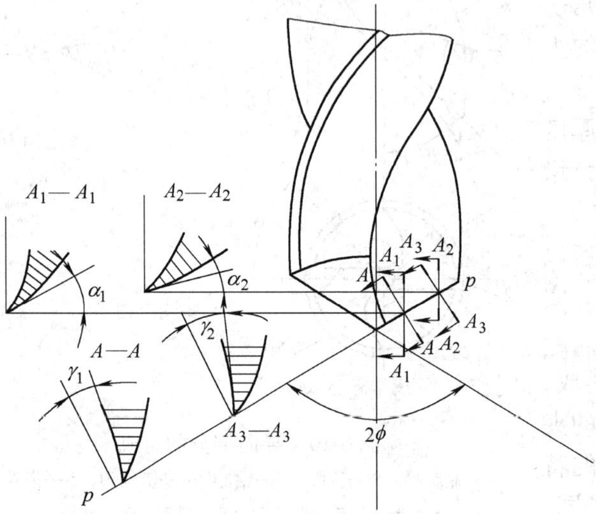

图 6-12　麻花钻的前角

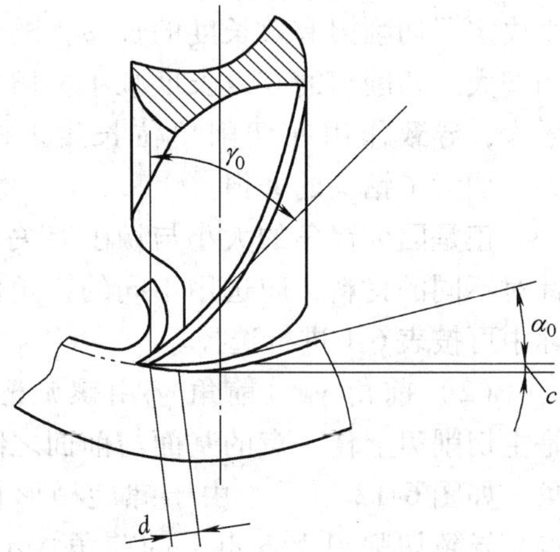

图 6-13　麻花钻的后角

γ_0—前角　α_0—后角　c—弹性变形

d—接触长度

1）将整个横刃磨去（图 6-14a）。这种方法是用砂轮把原来的横刃全部磨去，加大该处的前角，以形成新的切削刃，使轴向阻力减小。但这种修磨方法由于使钻头新形成两钻尖，其强度被削弱，且定心不好，所以只适用于加工铸铁等强度较低的材料。

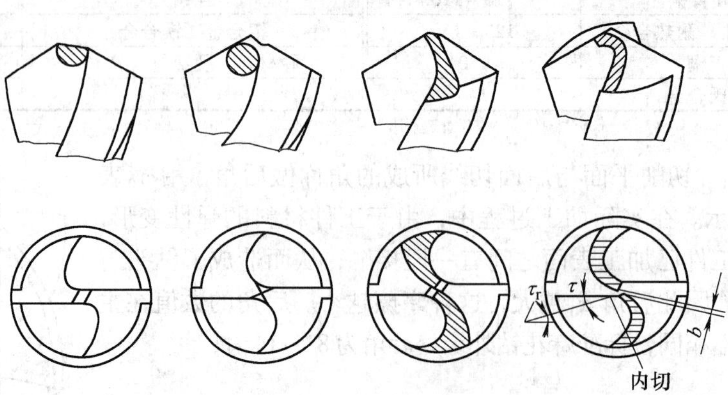

a)　b)　c)　d)

图 6-14　横刃修磨形式

2）磨短横刃（图 6-14b）。这种修磨方法是用砂轮在前面靠近钻心处，将横刃磨去，既改善其前角，又使横刃变短，以减小轴向阻力和阻转矩。

3）加大横刃前角(图 6-14c)。这种方法是用砂轮从钻头的前面在不改变横刃长度的情况下，在靠近横刃处进行修磨，磨出一定的前角，从而改善切削条件，但修磨后钻尖强度被削弱，所以不易加工硬材料。

4）磨短横刃并加大前角(图 6-14d)。这种方法修磨方法是使用砂轮沿钻刃后背的背棱刃磨至钻心，将原来的横刃磨短(为原来长度的 1/5 ~ 1/3)，并形成两条新的内刃，内刃的斜角 τ(内刃与主刃在端面投影的夹角)为 20° ~30°，内刃前角 τ_r =0° ~15°。这种修磨方法不仅有利于分屑，增大钻尖处排屑空间、增大钻尖处的前角，以减小轴向阻力和阻转矩，而且短横刃仍保持定心作用。

（2）修磨前面　由于主切削刃前角外大内小，所以外缘处的主切削刃的强度弱于靠近钻心处的主切削刃的强度，所以在加工硬材料时，可将外缘处的前角磨去一部分(图 6-15a)，使外缘处前角减小，以提高该部分的强度和钻头的寿命。在加工软材料时，可将靠近钻心处的前角磨大而外缘处的磨小(图 6-15b)，这样将使切削轻快、顺畅。在加工黄铜和软青铜等材料时，前角太大会出现“扎刀”现象，为了避免“扎刀”也可用将钻头外缘前角磨小的方法修磨。

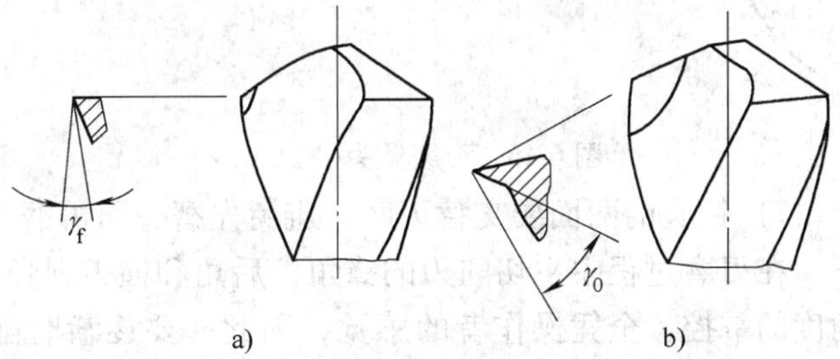

图 6-15　修磨前面

a）修磨外缘处前面　b）修磨近钻心处前面

4. 手工刃磨麻花钻头

麻花钻头作为标准件，在出厂时其各项指标已经确定，直接可以使用。但是一来，为了提高工作效率，保证加工精度，需要根据材料及加工要求，对麻花钻头进行刃磨；二来，在钻头使用一段时间后，会发生磨损，所以也需对钻头进行修磨，所以在实践中，作为钳工修磨钻头是一项必备的基本技能。

修磨钻头一般有两种形式：一是使用专用机床进行，被称为机磨；另一是利用砂轮机手工进行，称为手磨。一般情况下，钳工都是手工修磨钻头的。

手工修磨钻头的方法及步骤如下：

（1）对砂轮的要求

1）选用粒度适当的(46#—80#)中软级(ZR1—ZR2)砂轮。

2）砂轮旋转时跳动要小。

（2）刃磨步骤

1）将主切削刃置于水平状态并与砂轮外圆平行，如图 6-16 所示。

2）保持钻头中心线与砂轮外圆面的夹角为 ϕ，如图 6-17 所示。

3）用右手握钻头头部，作定位支撑并加刃磨压力。

4）左手握钻头柄部，协助右手作上下摆动，同时使钻头绕自身轴线转动，以修磨后角，如图 6-16 所示。

5）修磨时左右手的动作必须很好配合，协调一致。

6）刃磨时由上向下或由下向上都可以。

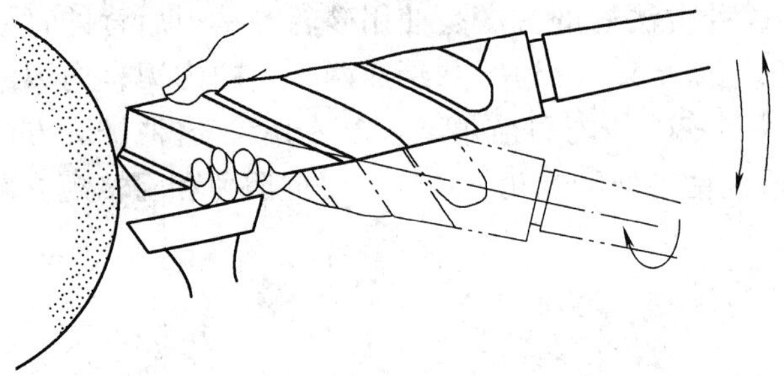

图 6-16　刃磨钻头(1)

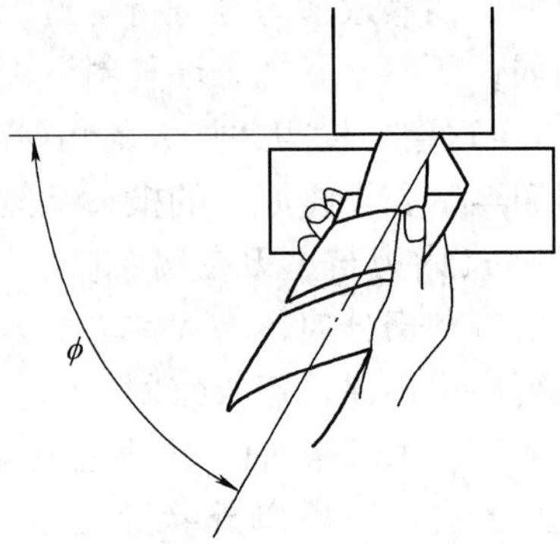

图 6-17　刃磨钻头(2)

7）钻头的两面要交替刃磨，避免先磨一面再磨一面。

在刃磨过程中主切削刃的锋角、后角和横刃斜角都是同时磨出的。手工刃磨钻头时各项角度的掌控，全凭操作者的感觉，因此，要逐渐磨削，及时修正。刃磨完成后，要进行检测，以保证刃磨的各项均达到要求。检测刃磨结果的方法有两种：一是使用样板，一是目测。目测时除了注意角度外，还要注意两切削刃的高低要一样，以及它们的对称性。

5. 钻削

钻孔就是使用钻床、钻头在工件上按要求加工出孔的实践活动。通常需要完成如下工作步骤：

1）在被加工工件上，按要求划线，以确定加工孔的位置。划线后仔细检查是否有遗漏，无误后，用样冲在每个加工孔的中心打出样冲“眼”（坑）。打样冲“眼”时，样冲要与工件表面保持垂直。

2）根据工件的材质、孔的直径大小，调整好钻床转速、进给量(对于盲孔)和润滑、冷却液；视工件大小、加工孔的直径，决定是否需要夹具，如需要则应准备好。

3）根据材料特性和工艺要求，刃磨好钻头的切削角度。

4）装夹钻头后，应开机观察钻头是否装正，有无抖动现象；观察工件是否放稳，是否需要夹具，若需要夹具，则要检查夹具是否夹牢，夹固位置是否正确；最后还要检查钻头与工件被加工面是否处于垂直状态。

5）钻削时，应先开机，待钻头转速稳定后，方可进钻，不能在钻头以静止状态接触工件的情况下开机；整个钻削过程，开始进钻和即将钻透时进钻速度要减慢，钻削过程进行中间，进钻速度要尽可能均匀。

6）钻深孔时，当孔深达到直径 3 倍以上时，钻头应多次退出排屑。

7）当钻孔直径小于或等于 35mm 时，可一次性钻出；当钻孔直径大于 35mm 时，要分两次钻出，这时预钻孔的直径取加工直径的 0.7～0.8 倍。

认一认：

1）在实验教师的指导下，识认麻花钻头，了解其构成及各角度。

2）在实验教师的指导下，了解直柄钻头与锥柄钻头的装夹和卸除过程。

3）注意观察实验教师对钻头的刃磨示范。

练一练：

1）根据实验教师的示范，练习刃磨钻头。

2）在实验教师的指导下，完成零件加工(图6-1)。

评一评：

学 习 评 价

作业一：——钻头刃磨评分：　　　　年　月　日

工件号		座号		姓名	
项目	质量检测内容	配分	评 分 标 准	评价	得分
识认	识认麻花钻头的各部分，准确说出它们的名称和作用	20分	认识且能说出其名称和作用		
操作	叙述麻花钻的工作原理	10分	表达清晰		
	刃磨麻花钻头	60分	符合操作规范，动作协调、准确；刃磨的角度合理，左右对称		
安全文明生产		10分	违者不得分		
现场记录				总分	
评价教师					

学 习 评 价

作业二：——钻孔练习评分：　　　　年　月　日

工件号		座号		姓名	
项目	质量检测内容	配分	评 分 标 准	评价	得分
识认	识认“练习”所提供的零件图，明确各项加工要求	30分	1. 加工要求 2. 划线，打样冲眼 3. 自检		
操作	1. 选择并刃磨钻头 2. 根据需要准备钻床及夹装钻头 3. 钻孔	60分	1. 符合操作规范，动作协调、准确 2. 钻头刃磨正确 3. 钻床准备正确 4. 钻孔操作正确 5. 加工结果符合图纸要求		
安全文明生产		10分	违者不得分		
现场记录				总分	
评价教师					

6.3 铰孔

当对加工出来的孔有较高的加工精度要求时，直接用麻花钻就很难达到要求了，这时就要采用另一种加工形式——铰孔。

铰孔就是用铰刀从工件上已加工出来的孔的孔壁上切除微量金属层，以提高其尺寸精度，减小其表面粗糙度的一种加工形式。铰削后，公差等级可达到IT5—IT6，表面粗糙度可达到 $Ra0.8\mu m \sim Ra1.6\mu m$。因此，铰孔是一种精加工。

1. 认识铰刀

（1）铰刀按使用方法　分为手用铰刀和机用铰刀，如图6-18所示。

（2）构成形式　分为整体式铰刀和组合式铰刀。

2. 手工铰孔

要点：

1）将工件装夹牢固。

2）选用适当的铰孔切削液(表6-2)。

3）铰孔时两手用力要均匀。

4）铰孔时施于铰刀上的压力不能太大。

5）铰孔时是顺时针进刀，在整个铰削过程中铰刀不能反转。

6）铰完孔后，仍按顺时针方向退出铰刀。

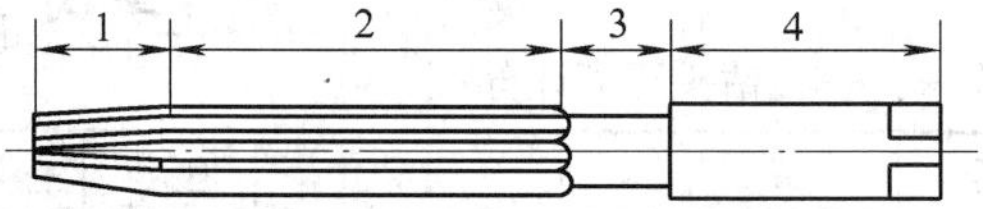

a)

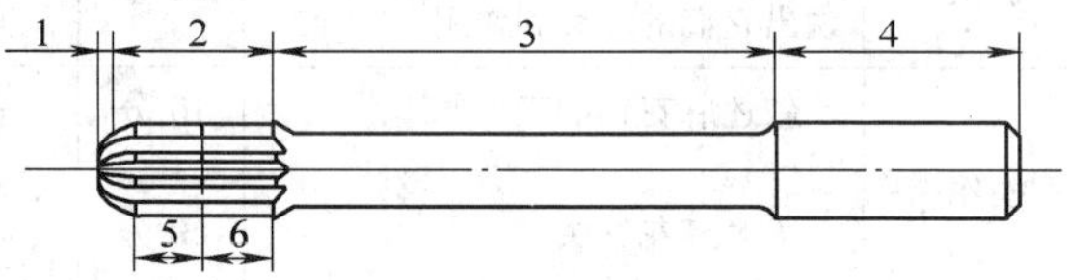

b)

图6-18　铰刀分类

a）手用铰刀

1—切削部分　2—倒锥校准部分　3—颈部　4—柄部

b）机用铰刀

1—倒角　2—工作部分　3—颈部　4—柄部

5—圆柱校准部分　6—圆锥校准部分

表6-2　铰孔切削液的选择

加工材料	切削液(体积分数)
钢	1. 10%～20%的乳化油水溶液 2. 铰孔要求高时，采用30%菜油加70%肥皂水 3. 铰孔的公差等级和表面粗糙度要求更高时可用茶油，柴油、猪油等
铸铁	1. 干切 2. 煤油，但会引起孔径收缩，最大收缩量可达0.02～0.04mm 3. 低浓度的乳化液
铝	煤油
铜	乳化油水溶液

认一认：

1）在实验教师的指导下，识认铰刀。

2）观察实验教师所做的铰孔示范。

练一练：

1）在实验教师的指导下，按要求完成零件加工（图 6-2）。

评一评：

学习评价

作业三：——钻、铰孔练习评分：　　　　　　　　　　　　　　　　　年　月　日

工件号		座号		姓名	
项目	质量检测内容	配分	评 分 标 准	评价	得分
识认	识认“练习”所提供的零件图，明确各项加工要求	30 分	1. 加工要求 2. 划线，打样冲眼 3. 自检		
操作	1. 选择并刃磨钻头 2. 根据需要准备钻床及夹装钻头 3. 钻孔 4. 准备铰刀 5. 铰孔	60 分	1. 符合操作规范，动作协调、准确 2. 钻头刃磨正确 3. 钻床准备正确 4. 钻孔操作正确 5. 铰孔操作正确 6. 加工结果符合图纸要求		
安全文明生产		10 分	违者不得分		
现场记录				总分	
评价教师					

6.4　攻螺纹

在机械组装中，有一种十分常见的连接方式——螺纹连接。它就是依靠螺纹连接件将需要连接的部分连接起来，由于其具有可重复性，所以在机械连接中被广泛使用。

攻丝是攻螺纹的俗称，是用专用工具——丝锥，在工件上加工内螺纹的一种加工过程。如图 6-19 所示。

在工件上加工外螺纹称为套螺纹，俗称套丝，由于螺纹连接件是标准件，所以在实际中需要进行加工的通常是内螺纹，只有在自制件中才会涉及外螺纹的加工。

1. 认识丝锥与绞杠

丝锥是攻螺纹的专用工具，分为机用丝锥（图 6-20）和手用丝锥（图 6-21）。

丝锥的结构如图 6-22 所示，它由工作部分和柄部分组成，工作部分又分为切削部分和校准部分。

铰杠是与丝锥配套使用，用来旋动丝锥的专用工具。它分为一字式铰杠（图 6-23）和丁字式铰杠（图 6-24）两类，每类又分为固定式和可调式。

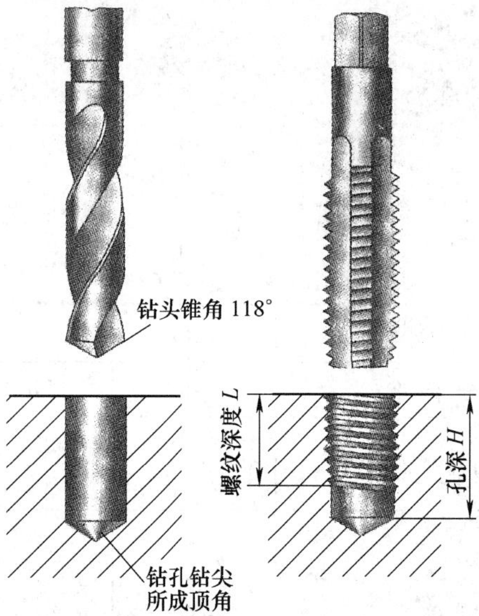

图6-19　攻螺纹

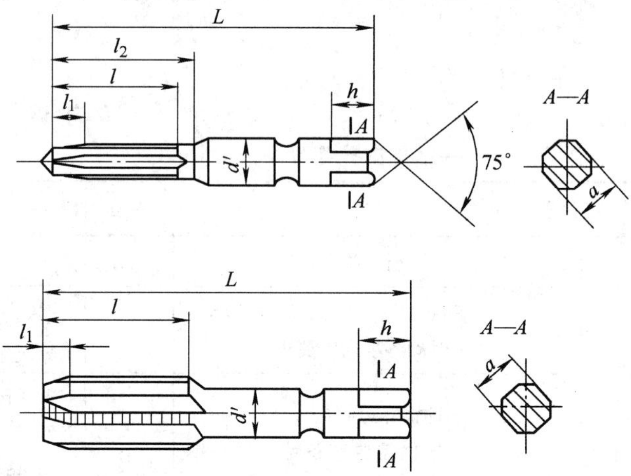

图6-20　机用丝锥

2. 攻螺纹

在进行攻螺纹之前，首先要在工件上钻一个孔，称为底孔，然后再用丝锥沿加工好的底孔旋进，丝锥就会在底孔壁上切削出螺纹，如图6-19所示。

攻螺纹的操作步骤：

（1）加工底孔

1）底孔直径的确定。螺纹底孔直径的大小，决定了攻出的螺纹是否符合标准。如果直径过大，攻出的螺纹牙形将不完整；如果直径过小，则因需切除的材料过多，而发生挤压作用导致切屑塞住丝锥，不仅容易折断丝锥，而且会破坏螺纹（即撸扣）。

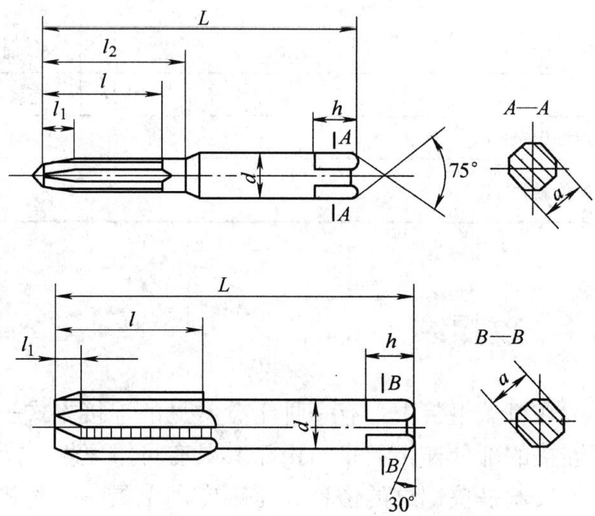

图6-21　手用丝锥

底孔直径的确定，应考虑到工件材料、螺距、牙形和公差要求等因素。一般来说，在螺纹的螺距 $p<1\text{mm}$，工件材料塑性较大的条件下，底孔直径 d_T 与螺纹公称直径 d 和螺距 p 的关系为

$$D_T = D - p$$

式中　D_T——攻螺纹前加工出的螺纹底孔的直径（mm）；

D——螺纹公称直径（mm）；

p——螺距（mm）。

若 $p>1\text{mm}$，工件材料塑性较小，则

$$D_T = D - kp$$

式中　D_T——攻螺纹前加工出的螺纹底孔的直径(mm)；

D——螺纹公称直径(mm)；

p——螺距(mm)；

k——系数，取 1.04 ~ 1.08。

2）底孔深度的确定。当加工盲孔螺纹(即不通孔螺纹)时，由于丝锥前端切削部分的牙形并不完整，为了保证制出的螺纹有效长度符合要求，底孔的深度，就必须大于所要求的螺纹有效长度，即底孔深度应等于要求的螺纹有效长度加上丝锥前端切削部分的长度，一般情况下，丝锥前端切削部分的长度取 3 ~ 4 个螺距长度，若工件允许，可取到 5 ~ 6 个螺距长度。

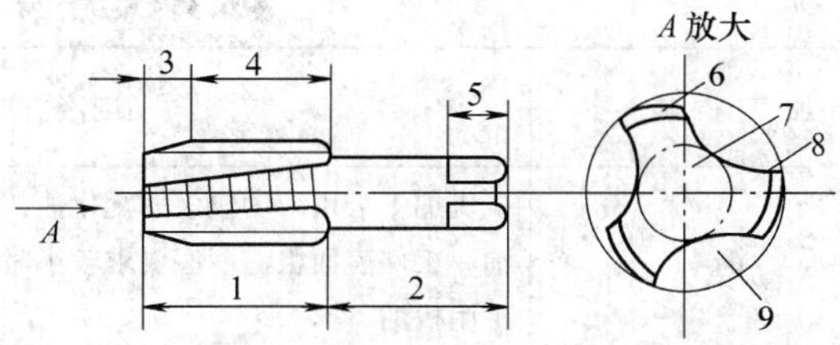

图 6-22　丝锥的结构

1—工作部分　2—柄部分　3—切削部分　4—校准部分　5—方尾　6—后面　7—心部　8—前面　9—容屑槽

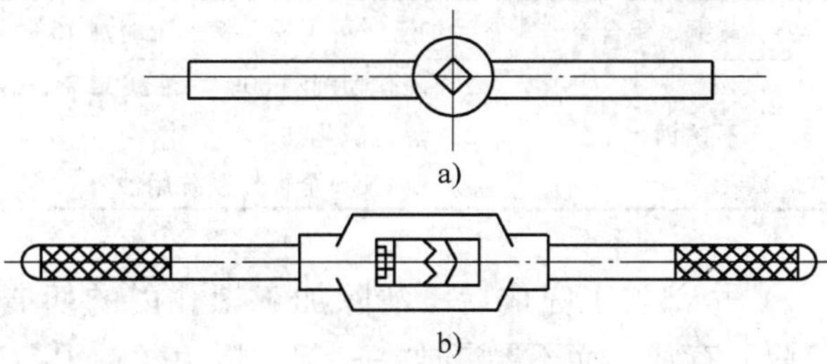

图 6-23　一字式铰杠

a）固定式　b）可调式

（2）手动攻螺纹　在加工完成底孔后，即可进行攻螺纹。手动攻螺纹时，有如下要点：

1）对于较大的工件，要将其夹装牢固；对于较小的工件，也可用手握持。

2）准备好丝锥(注意左右旋向)、绞杠和切削液。攻螺纹切削液的选用可参考表 6-3。

3）将丝锥与绞杠连接稳固，确保丝锥轴线与底孔轴线共线，沿螺纹旋向旋进。

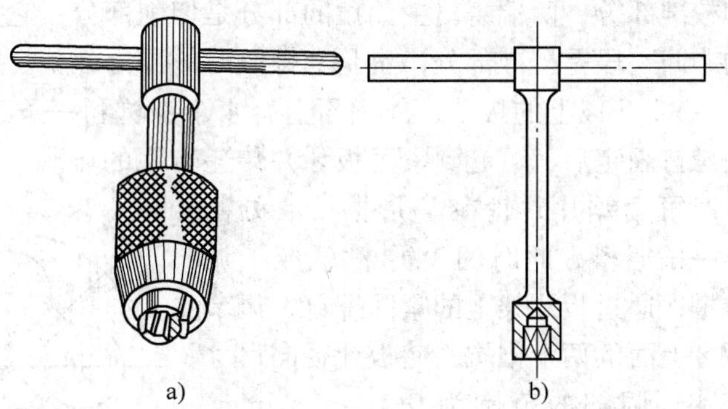

图 6-24　丁字式铰杠

a）可调式　b）固定式

4）与铰孔不同，丝锥在旋进过程中，要及时回旋一定角度，以便切屑折断并进入丝锥的退屑槽，当丝锥旋进深度超过校准部分约 1/2 时，应将丝锥退出，清除切屑后再旋进，与此同时要及时供给切削液。

5）制明孔(通孔)螺纹时，丝锥的校准部分一定要通过另一孔口露出约一半，以保证牙形完整；制盲孔(不通孔)螺纹时，应事先对底孔深度有所估计，接近孔底时，要减慢旋进速度，一旦达到有效螺纹长度，即停止旋进，以免折断丝锥或破坏牙形。

6）攻螺纹完成后，对螺纹孔应去除毛刺，如无坡口要求，可用直径大于螺纹公称直径的钻头，低速划一下。

表 6-3 攻螺纹切削液的选用

加工材料	切削液（体积分数）	机加工时流量 Q/L·min^{-1}
钢	机加工可用浓度较大的乳化油，或含硫量1.7%以上的硫化切削油。工件表面粗糙度值要求较小时，可用菜油及二硫化钼等，手加工用机油	8～12
灰铸铁	一般不用切削液，如工件表面粗糙度值要求较小，或材质较硬时，可用煤油，切削速度在8m/min以上时，可用浓度10%～15%的乳化液	≥4
可锻铸铁	15%～20%的乳化液	≥6
青铜、黄铜、铝合金	手加工时可不用，机加工时加15%～20%乳化液	≥6
不锈钢	1）硫化切削油60%，油酸15%，煤油25% 2）黑色硫化油 3）L-AN46全损耗系统用油	≥6

7）全部加工完成后，清除加工螺孔内的切屑，特别是盲孔，擦净丝锥，并涂上防锈油，隔开存放，而不要混放在一起，以免丝锥刃口碰伤。

3. 套螺纹

（1）认识板牙与板牙架（又称铰杠） 板牙是加工外螺纹的工具，基本结构向一个圆螺母，只是在上面钻了几个排屑孔并形成刀刃，如图6-25所示。其螺纹部分可分为切削部分和校准部分，两端磨出主偏角的部分是切削部分，它是经过铲磨而成的阿基米德旋面。板牙的中间一段是校准部分，也是套螺纹时的导向部分。板牙的规格标制在端面上。

M3.5以上的板牙，外圆面上有4个锥坑和一条V形槽。下面两个锥坑用板牙架上的紧固螺钉固定后，可起到紧固板牙并传递转距的作用。板牙磨损后，套出的螺纹直径将变大，此时可用锯片砂轮在V形槽中心处割出一条通槽，此时的V形槽就成了调整槽，通过板牙架上的紧固螺钉，调节板牙上面的两个锥坑，使板牙径向尺寸变小。调解的范围为0.1～0.25mm，调节时应使用标准样规或通过试切来确定螺纹尺寸是否合格。板牙架上的两个调节螺钉之间还有一个调节螺钉，在不需对板牙径向尺寸进行调节时，这三个调节螺钉与另两个紧固螺钉一起都起紧固作用，并传递转距，当需要对板牙径向尺寸进行调节时，松开中间的调节螺钉（正对着V形槽），旋进左右两个调节螺钉，可使板牙径向尺寸变小，同理，松开左右两个调节螺钉，旋进中间

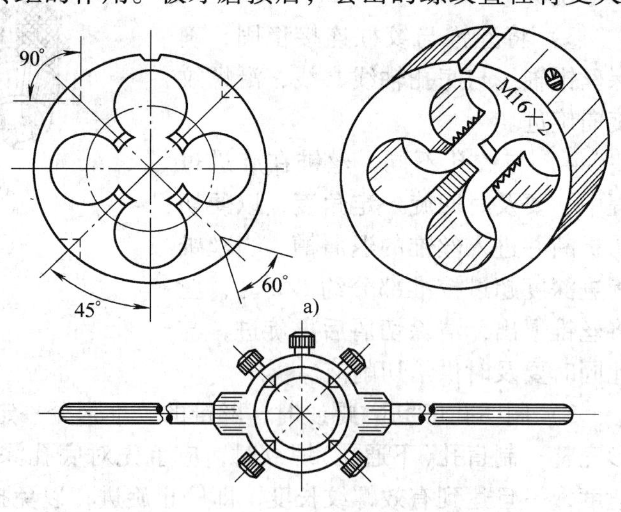

图6-25 板牙与板牙架
a）圆板牙 b）板牙架

的调节螺钉(这时V形槽已被加工成通槽)则可使板牙径向尺寸变大。

(2) 套螺纹　套螺纹是在圆柱形工件表面上，用板牙沿着其轴线旋进，从而在其表面上形成螺纹。

1) 被加工工件直径的确定。套螺纹与攻螺纹时的切削过程相同，因切削时的挤压作用，螺纹的牙尖也会被挤高一些，因此，底料的直径应比加工完成后螺纹的大径要小一些，一般其直径可用下式计算：

$$d_{杆} = d - 0.13p$$

式中　d——外螺纹大径(mm)；

p——螺距(mm)。

也可通过查表获得底料的直径。

2) 手动套螺纹的方法与要领如下：

① 为了便于板牙切入，套螺纹前，应对圆杆底料的端部进行倒角处理，使其形成锥形，且该锥形的小径应小于螺纹的小径。

② 圆形底料应夹持牢固。通常将其夹持在台虎钳上，为了避免在套制螺纹时，圆形底料随板牙的旋进而发生旋转，导致表面被钳口划伤，应用衬料(通常用铜板或铝板)衬垫，或用V形钳口夹持；夹持后，圆形底料伸出部分不要太长；整个圆形底料呈铅锤方向夹持。

③ 起套时，一手用掌心按住板牙架中心，并沿轴向施力，另一手配合沿螺纹旋进方向旋进(注意所制螺纹的旋向)。此时转动要慢，压力要大，并保证板牙端面与圆形底料的轴线垂直。

④ 切入2~3牙后，应检查垂直度误差，发现歪斜及时纠正。

⑤ 完成起套后，就可撤除对板牙的轴向压力，使板牙自然旋进，并经常反转，以切断切屑。

⑥ 与攻螺纹一样，在套制中，应及时补充切削液(切削液的选用参照表6-3)。

认一认：

1) 在实验教师的指导下，识认丝锥、铰杠、板牙和板牙架。

2) 观察实验教师的操作示范。

练一练

在实验教师的指导下，按要求完成零件加工(图6-3)。

评一评：

学 习 评 价

作业四：——攻螺纹、套螺纹练习评分：　　　　年　月　日

工件号		座号		姓名	
项目	质量检测内容	配分	评 分 标 准	评价	得分
识认	识认“练习”所提供的零件图，明确各项加工要求	30分	1. 加工要求 2. 划线，打样冲眼 3. 自检		

（续）

<table>
<tr><th>项目</th><th>质量检测内容</th><th>配分</th><th>评 分 标 准</th><th>评价</th><th>得分</th></tr>
<tr><td>操作</td><td>一、攻螺纹
1. 选择并刃磨钻头
2. 根据需要准备钻床及夹装钻头
3. 钻孔
4. 准备丝锥
5. 攻螺纹
二、套螺纹
1. 下料
2. 套丝准备
3. 套螺纹</td><td>60 分</td><td>1. 符合操作规范，动作协调、准确
2. 钻头刃磨正确
3. 钻床准备正确
4. 钻孔操作正确
5. 攻螺纹、套螺纹操作正确
加工结果符合图纸要求</td><td></td><td></td></tr>
<tr><td colspan="2">安全文明生产</td><td>10 分</td><td>违者不得分</td><td></td><td></td></tr>
<tr><td>现场记录</td><td colspan="3"></td><td>总分</td><td></td></tr>
<tr><td>评价教师</td><td colspan="5"></td></tr>
</table>

学习情境7　钣 金 修 复

学习目标：

通过本学习情境的学习，你将做到：

1）能够使用钣金修复常用设备、工具。

2）掌握划线工具、整形工具、剪切工具、锯割工具和铆枪基本运用技巧和方法。

3）掌握手提砂轮机、手电钻和盘式砂磨机运用技巧和方法。

4）能够初步掌握钣金件校正工艺。

5）能够初步掌握机械校正工艺。

6）能够初步掌握火焰校正工艺。

情境描述：

维修任务：要求维修一辆碰撞后车身局部受损车辆：有刮伤、凹面等症状，售后服务经理递交给你一份任务，要求对该车的车身进行修复，他要求你对每一个工作步骤做出过程计划和信息采集，并完成修复工作。

想一想：

为了完成情境中描述的任务，你需要使用哪些工具？需要学习哪些相关知识？如何制定一份切实可行的实施计划？

相关知识：

7.1　钣金修复的常用工具及其作用

钣金修复的常用工具包括手动工具和电动工具。手动工具包括划线工具、整形工具、剪切工具、锯割工具和铆枪；电动工具包括手提砂轮机、手电钻和盘式砂磨机。

1. 手动工具

（1）工作平台　工作平台是钣金操作的基础件，主要用于在其上平面进行板料划线、下料、敲平及校正工作。普通钣金工作平台没有确定的尺寸标准，但常用的台面有以下几种规格：600mm×1000mm，800mm×1200mm，1500mm×3000mm。台面高度 h 为650～700mm（有的平台高度可调）。其材料多为铸铁，背面有加强肋。平板固定在支架上，便形成工作平台，如图7-1所示。

（2）划线工具

1）划针。划针是用来在板料上划线的基本工具。一般是由中碳钢或高碳钢制成，如图

7-2 所示，弯头划针用于直头划针划不到的地方。划针长度约为 120mm，直径为 4～6mm。为了能使其在板料上划出清晰的标记线，划针尖端非常锐利，尖端角度一般为 15°～20°，且具有耐磨性。

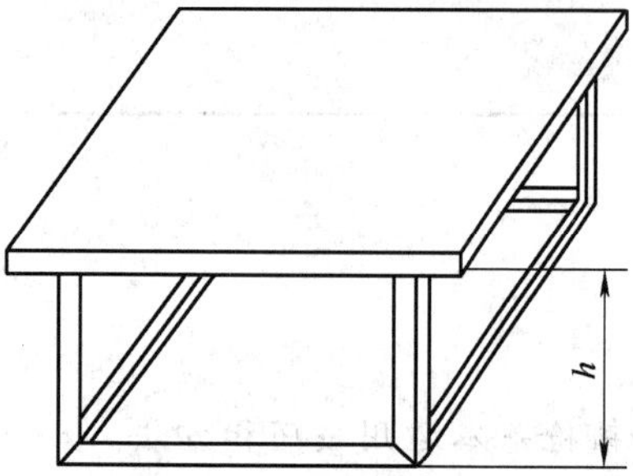

图 7-1　工作平台

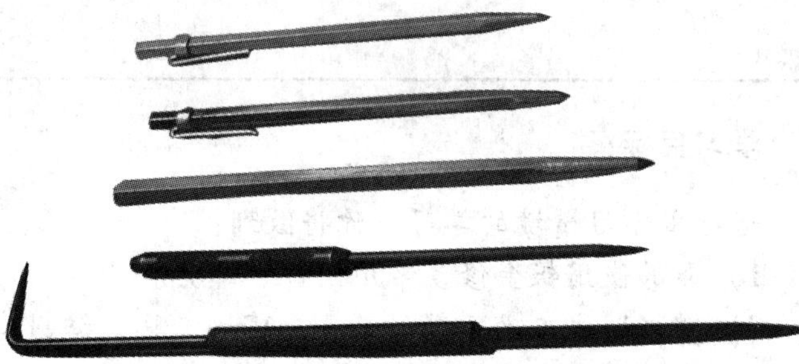

图 7-2　划针

划线时，划针的尖端必须紧靠钢板尺或样板，划针应朝向划线方向倾斜 50°～70°，同时向外倾斜 10°～20°，划线粗细不得超过 0.5mm，如图 7-3 所示。

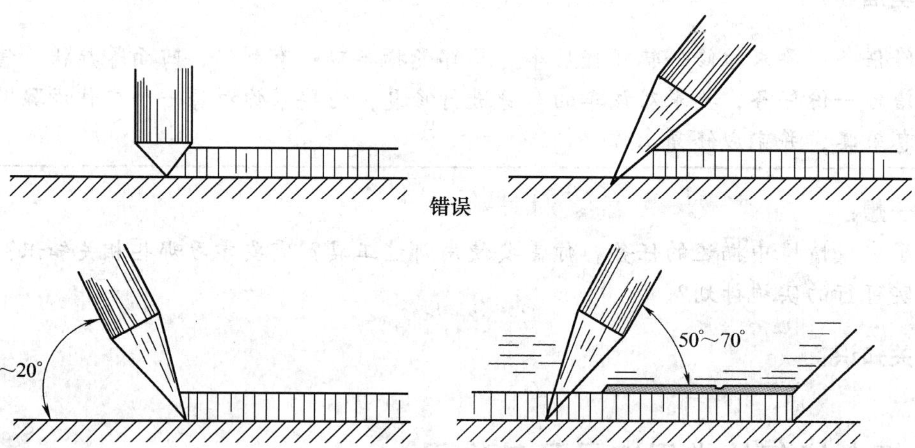

图 7-3　划针的正确划线方法

2）划规。划规用于划折边线，它可沿板料边缘划等距离引线，如图 7-4 所示。

3）圆规。圆规用来在金属板上划圆或圆弧，并可测量两点间的距离，或直接将钢板尺上的尺寸引到金属板上。圆规尖脚上焊有硬质合金，并经淬火处理。常用圆规如图 7-5 所示。

4）样冲。样冲也称心冲，由高碳钢制成，长度为 90～150mm，尖端磨成 45°～60°，并经淬火处理。样冲主要用来冲圆心或钻孔时冲中心眼，如图 7-6 所示。

图 7-4　划规

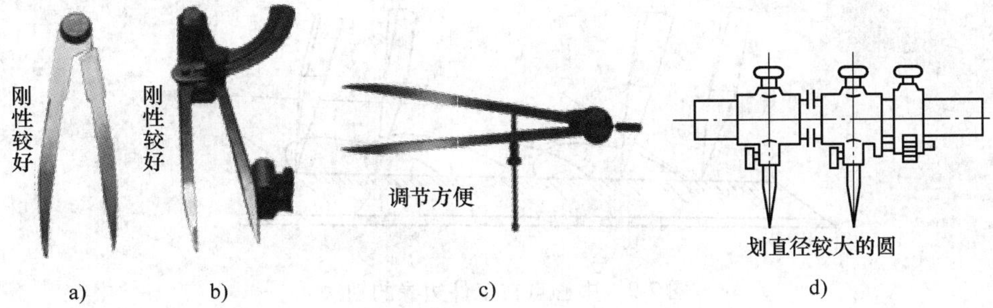

图7-5　圆规
a)、b）圆规　c）弹簧圆规　d）地规

5）划线盘。划线盘的结构如图7-7所示，主要用于平台上划线或校正工件。它是由底座、立柱、夹紧螺母和划针组成。

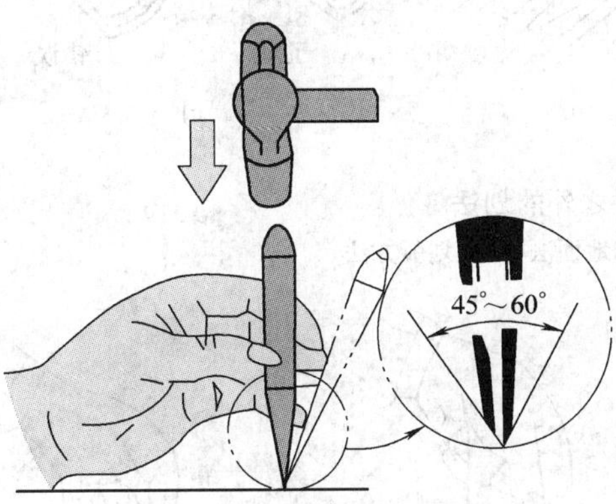

图7-6　样冲

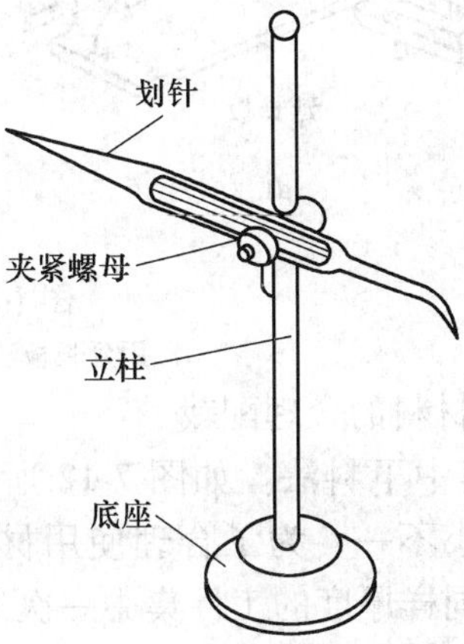

图7-7　划线盘

想一想：这些工具如何正确使用？

(3）划线工具的应用　圆弧线的划法

1）划规开档位置的调整。为了使划规尖脚移取的尺寸准确，应在钢尺上重复移取几次，这样可以看出误差的大小。如10mm，一次差0.1mm，往往不容易看出来，若量5次后相差0.5mm就能明显地看出来了，如图7-8所示。

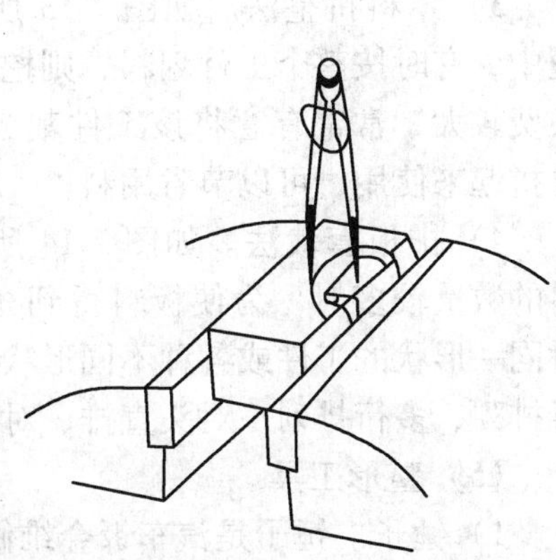

图7-8　划规开档位置的调整

2）中心点在工件边缘的划法。如图7-9所示，如果圆弧的中心点在工件的边缘上，可借助于辅助支座进行。

3）中心点在工件之外的划法。如图7-10所示，如果圆弧中心点在工件之外，可将一块打样冲孔的延长板夹在工件上。

4）使用圆规划圆的方法。如图7-11所示，用圆规划圆时，掌心压住圆规顶端，使规尖扎入金属表面或样冲孔中。划圆周线时，常常正反各划半个圆周线而成一个整圆。

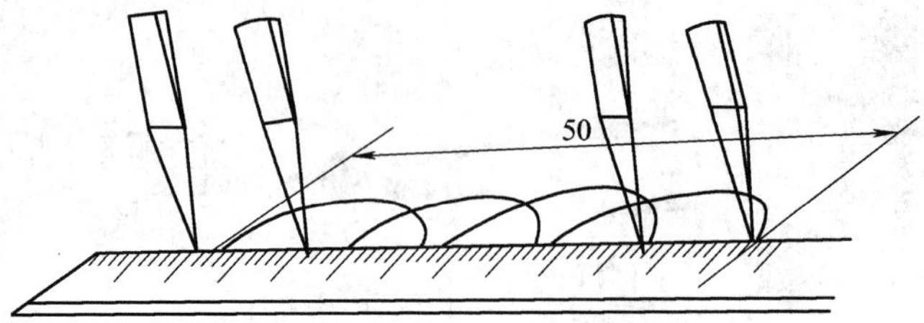

图 7-9　中心点在工件边缘的划法

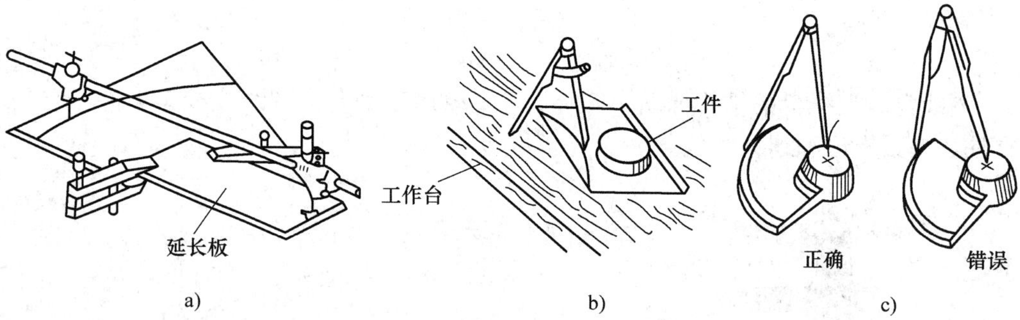

图 7-10　中心点在工件之外的划法

a）用延长板法　b）借助工作台或地面法　c）划弧方法

（4）材料的合理配裁

1）集中下料法。如图 7-12 所示，由于工件的形状大小不一，为了合理使用材料，将使用同样牌号、同样厚度的工件集中一次划线下料。

2）长短搭配法。长短搭配法适用于条形板料的下料。下料时先将较长的料排出来，然后根据长度再排短料，这样长短搭配，使余料最小。

3）零料拼整法。如图 7-13 所示，在钣金作业中，有时按整个工件划料，则挖去的材料较多，浪费较大，常常有意将该工件裁成几部分，然后再拼起来使用，可以节省用料。

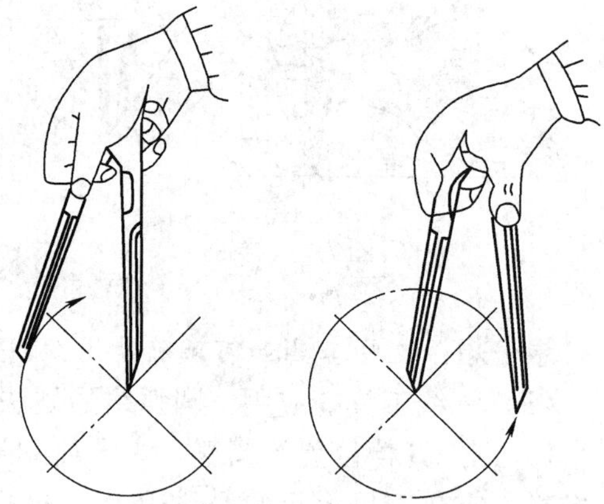

图 7-11　圆规划圆的方法

4）排板套裁法。如图 7-14 所示，当工件下料的数量较多时，为使板料得到充分利用，必须对同一形状的工件或各种不同形状的工件进行排样套裁。排样的方式通常有直排、斜排、单行排列、多行排列、对头直排、对头斜排等。

（5）整形工具

1）锤子。锤子是汽车钣金维修中的基本工具，它的形状很多，作用也不一样。

① 扁头锤。主要用于敲击平面，也可以敲击较深的凹陷和边缘拐角，如图 7-15a 所示。

② 捅锤。主要用于直捅敲击弧形构件，也可以横击，还可以当撬具和垫铁使用，如图 7-15b 所示。

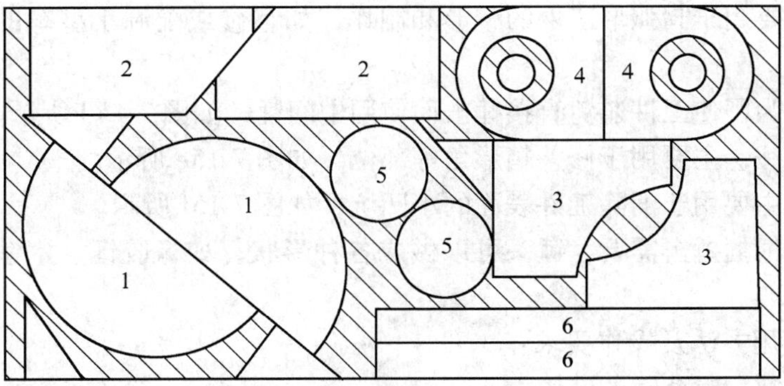

图 7-12 集中下料法

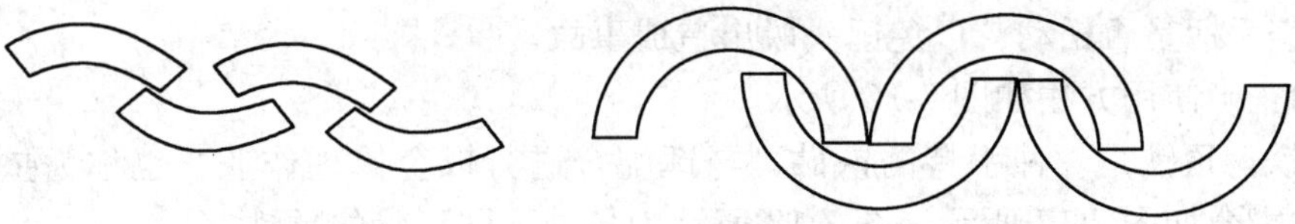

图 7-13 零料拼整法

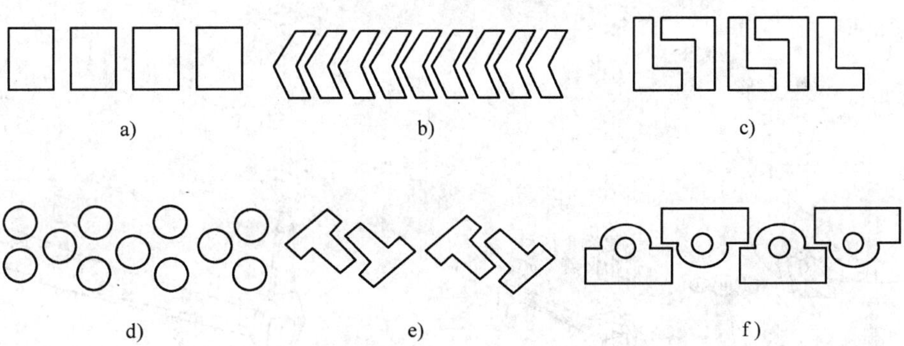

图 7-14 排板套裁法

a）直排 b）斜排 c）单行排列 d）多行排列 e）对头斜排 f）对头直排

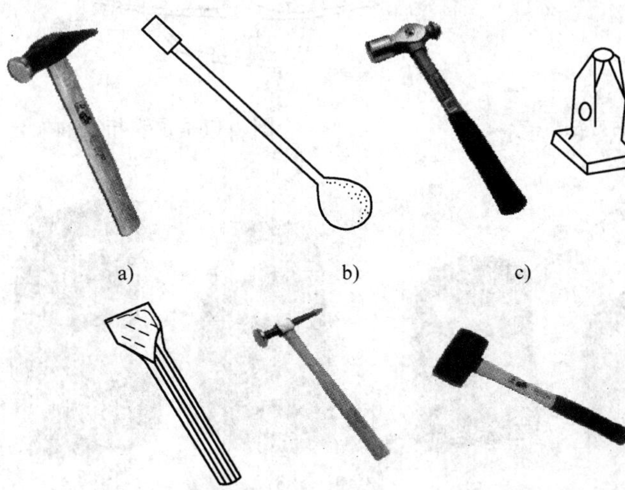

图 7-15 锤子

a）扁头锤 b）捅锤 c）拱锤 d）中间锤 e）平头整形锤 f）鹤嘴锤 g）橡胶锤

③ 拱锤。主要用于圆弧形工件的整形和制作，如整修或配制小型车的轴端盖等，如图 7-15c 所示。

④ 中间锤。为了使工件避免直接捶击而使用中间锤，如图 7-15d 所示。

⑤ 平头整形锤。主要用于修整箱形角等部位，如图 7-15e 所示。

⑥ 鹤嘴锤。主要用于消除工件表面的小凹坑，如图 7-15f 所示。

⑦ 其他形式根据捶击需要，锤头可以做成各种形状，如橡胶锤、木锤、铜锤等，如图 7-15g 所示。

2）锤子的使用方法及操作要求：

① 通过训练掌握钣金锤的使用方法。

② 使用前擦净锤面及手柄上的油污，以免滑脱伤人。

③ 检查手柄是否松动，以免锤头脱出造成事故。

锤子的正确使用方法如图 7-16 所示。

3）顶铁。顶铁是一种手持的铁砧，与锤配合进行钣金修理作业，也称为垫铁或衬铁，顶铁与锤的配合如图 7-17 所示。图 7-18 所示为各种不同形状的顶铁。

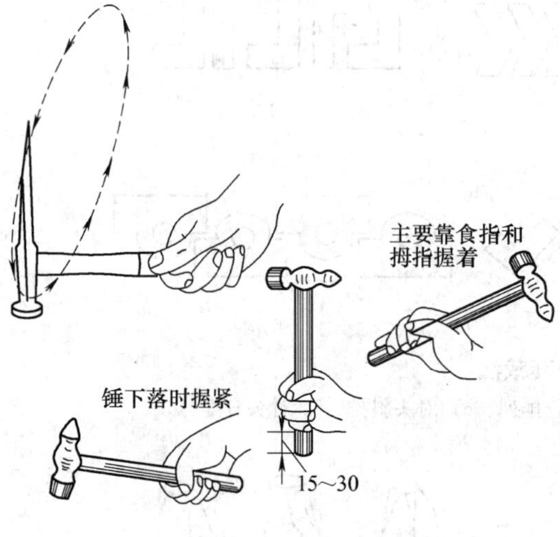

图 7-16　锤子的正确使用方法

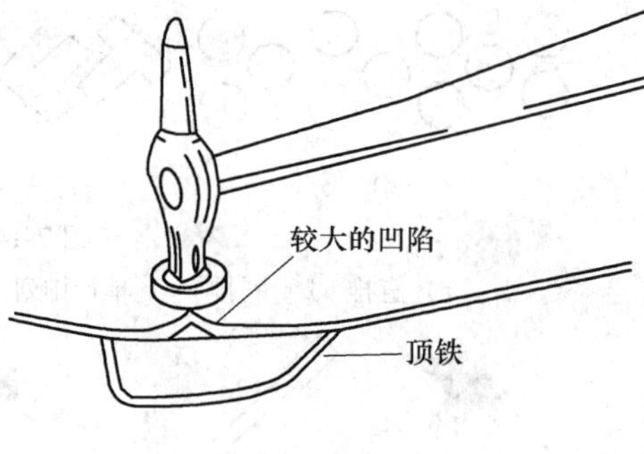

图 7-17　顶铁与锤的配合

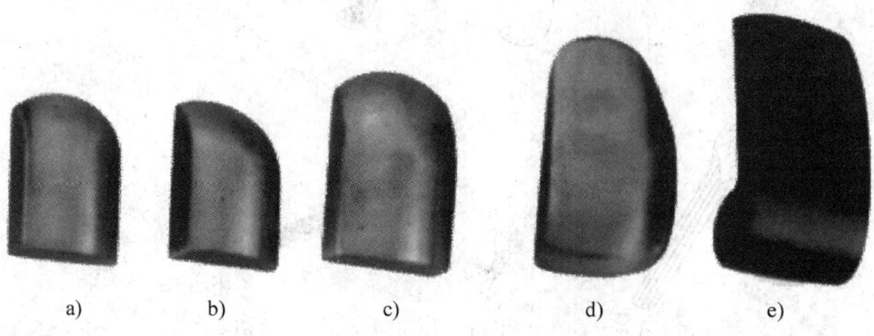

图 7-18　顶铁

用顶铁法修整可分为“正托”和“偏托”两种方式。偏托法是直接用顶铁抵住最大凹陷处，使用木锤或尼龙锤敲击凹陷周围产生的隆起变形，即深入浅出地由最大凹凸变形处开始敲平，如图 7-19a 所示。

当局部凹凸变形被修平至一定程度时，应改用图 7-19b 所示的正托法进一步敲平。

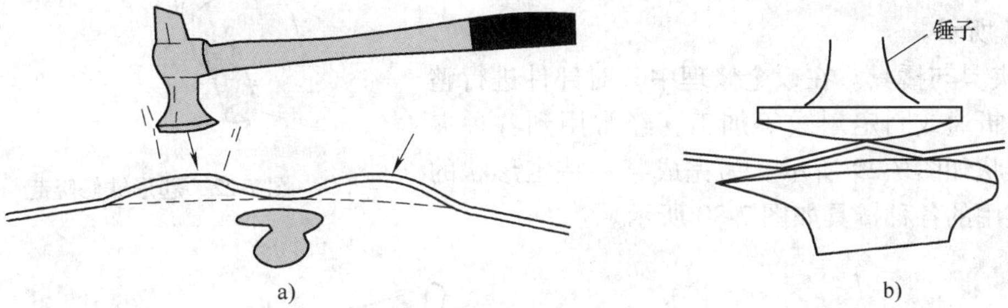

图 7-19 顶铁法修整

a）偏托 b）正托

顶铁法敲平的工序如图 7-20 所示。所用顶铁的端面形状应与被修正壁板形状吻合。

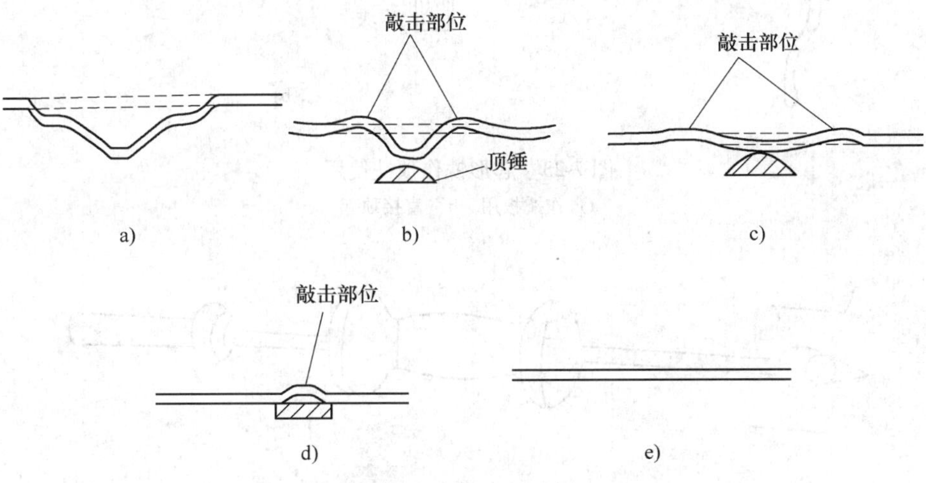

图 7-20 顶铁法敲平的工序

a）修复前 b）第一次敲击部位 c）第二次敲击部位 d）最后敲击部位 e）修复后

4）匙形铁。匙形铁是车身修理的特殊工具，主要用于抛光金属表面，所以也称修平刀，如图 7-21 所示。

图 7-21 匙形铁

如图 7-22 所示，不同的匙形铁可与不同的面板形状匹配使用。当面板背面的空间有限时，匙形铁也可当作顶铁使用，如图 7-23 所示。

5）凹坑拉出器和拉杆。对于密封型车身面板的凹陷，无法利用现成的孔洞使用撬镐撬起时，可采用凹坑拉出器或拉杆进行修理，此时需在表面皱褶处钻孔。凹坑拉出器如图 7-24 所示，拉出器的顶端呈螺纹尖端形式，或呈钩状形式。

将拉杆的弯钩插入所钻的孔，钩住凹坑两侧向外提拉(图 7-25、图 7-26)，视具体情况在周围轻轻锤击，将凹坑拉起，同时敲打其隆起点(图 7-27)经整平后用气焊修补孔洞，喷漆复原。

使用凹坑吸盘可及时修复凹坑，且不伤漆面，如图 7-28 所示。

6）夹具与撬具。在钣金修理中，对部件进行整形，板料折边或固定划线等加工，经常用到各种夹具，其形状如图 7-29 所示。为完成某一特定形状的板件而使用的各种撬具如图 7-30 所示。

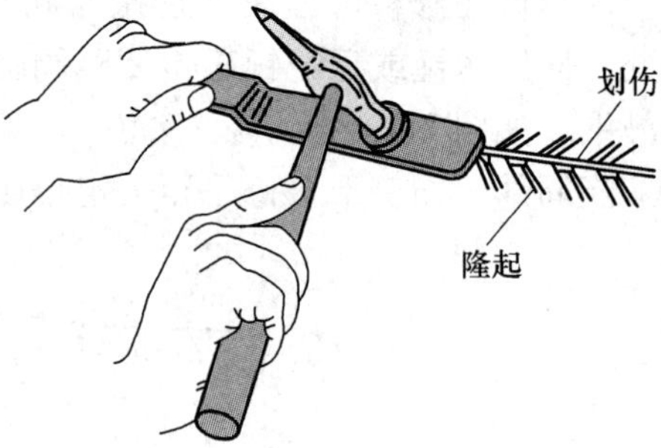

图 7-22　匙形铁修隆起

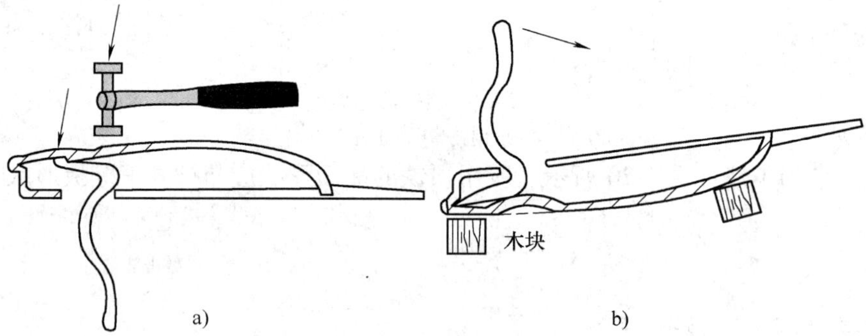

图 7-23　匙形铁作顶铁使用

a）作撬板用　b）直接顶起

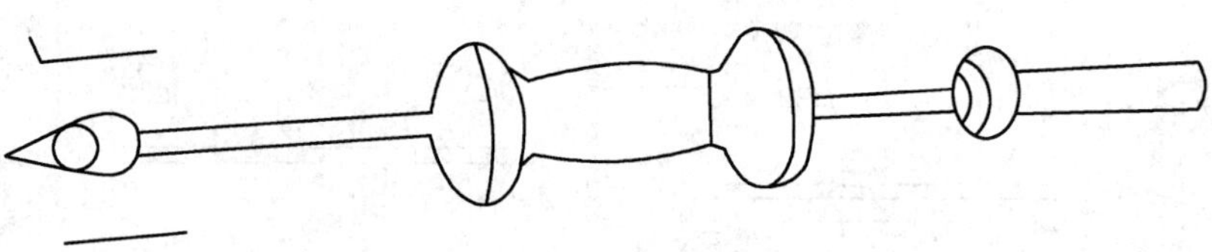

图 7-24　凹坑拉出器

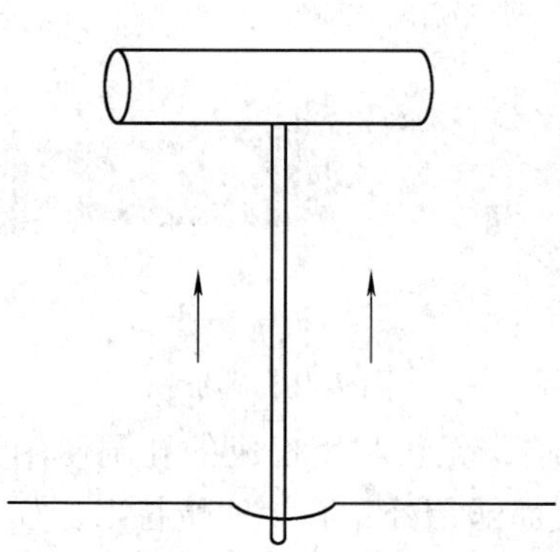

图 7-25　拉杆

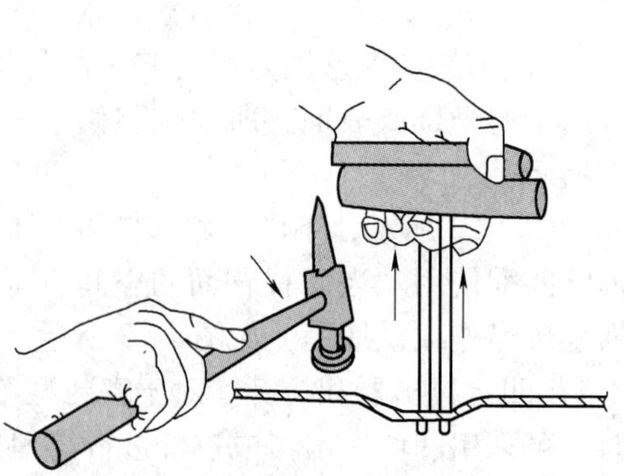

图 7-26　使用几根拉杆起大凹坑

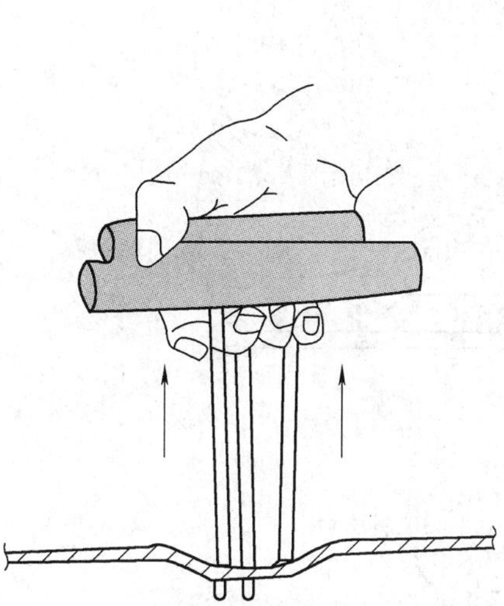

图 7-27　使用拉杆的同时敲打其隆起点

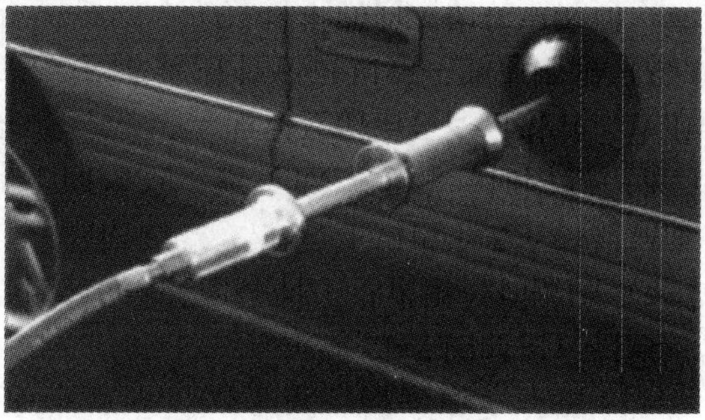

图 7-28　凹坑吸盘

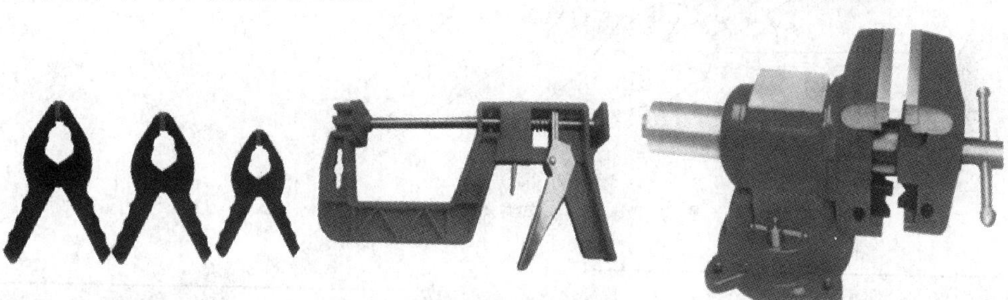

a)　　b)　　c)

图 7-29　各种夹具

a）尼龙夹　b）塑料圆钢快速夹紧器　c）多用台虎钳夹

7）车身锉刀。车身锉刀用于修整由于锤、顶铁、匙形铁等钣金工具作业留下来的凹凸不平的痕迹，锉刀外形如图 7-31 所示。

车身锉刀的使用方法：

① 当所锉部位比较平时，以 30°握锉刀直推，如图 7-32a 所示；或直握锉刀偏 30°斜推，如图 7-32b 所示。

② 凸起的表面，沿曲率最小的弧面的母线方向握住锉刀直推，如图 7-33a 所示；或者以等于或小于 30°进行侧推，如图 7-33b 所示。

图 7-30　各种撬具

（6）剪切工具

1）手动剪刀：手动剪刀分为手剪刀和台式剪刀，一般用于某种条件下单件生产或半成品的修整工作，如图 7-34 所示。

手工剪切方法如下：

① 直线的剪切方法。如图 7-35 所示，剪切短料直线时，被剪去的那部分，一般都放在

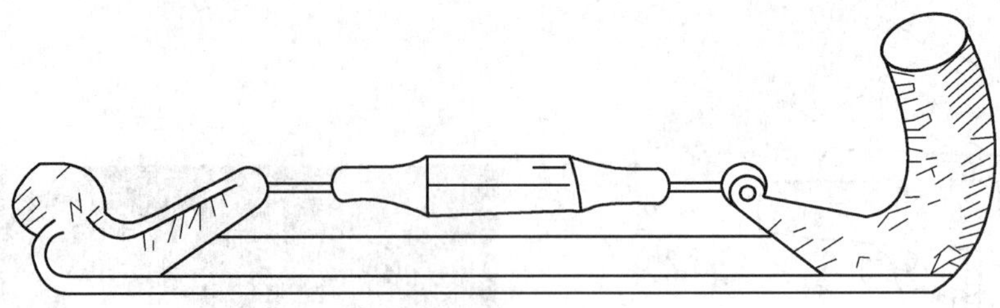

图 7-31　车身锉刀

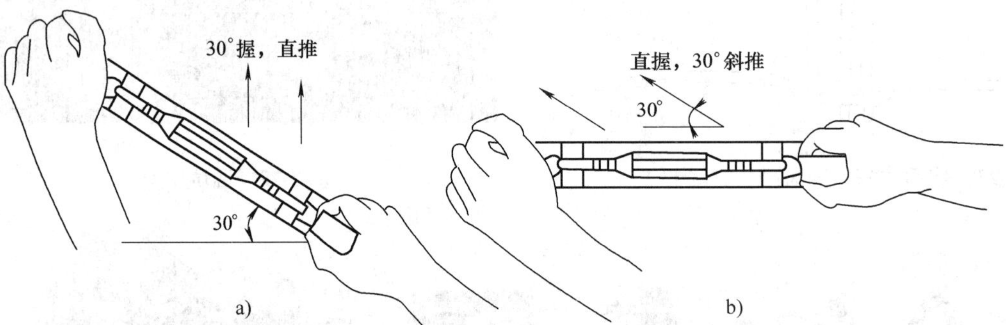

图 7-32　在较平钣金件的锉削方法

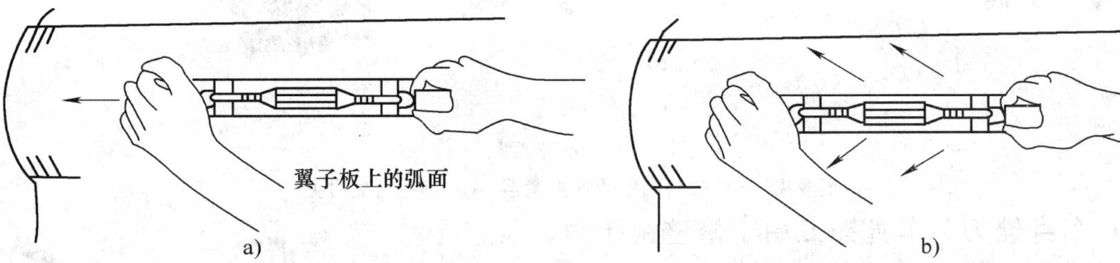

图 7-33　有凸起表面的工件锉削方法

a）锉刀握持方向与曲率最小的弧面母线方向相同，直推

b）锉刀握持方向与曲率最小的弧面母线方向相同，推进角为 30°或小些

剪刀的右面。

② 外圆的剪切方法。如图 7-36 所示，剪切外圆应从左边下剪，按顺时针方向剪切，边料会随着剪刀的移动而向上卷起。若边料较宽时，可采取剪直线的方法。

③ 内圆的剪切方法。如图 7-37 所示，剪切内圆时，应从右边下剪，按逆时针方向剪切，边料会随着剪刀的移动而向上卷起。

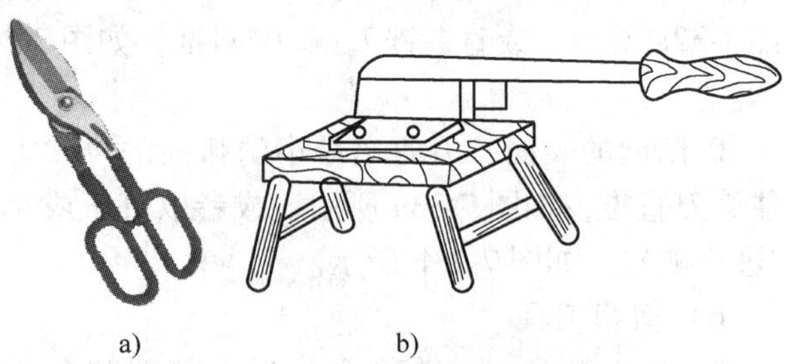

图 7-34　手动剪刀

a）手剪刀　b）台式剪刀

④ 厚料的剪切方法。如图 7-38 所示，剪切较厚板料时，可将剪刀夹在台虎钳上，在上

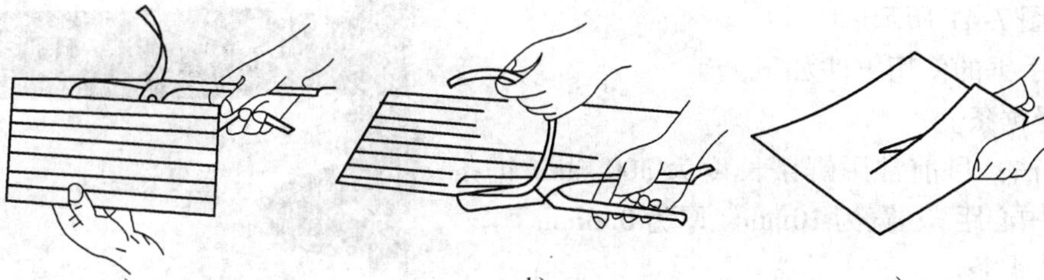

图 7-35 直线剪切方法

a）剪短料 b）剪长料 c）剪切板料

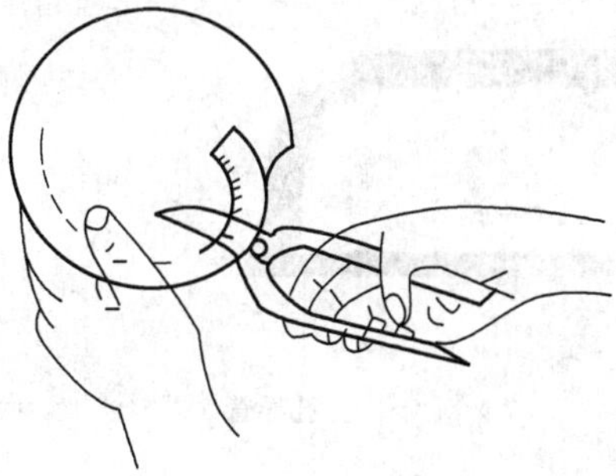

图 7-36 外圆的剪切方法

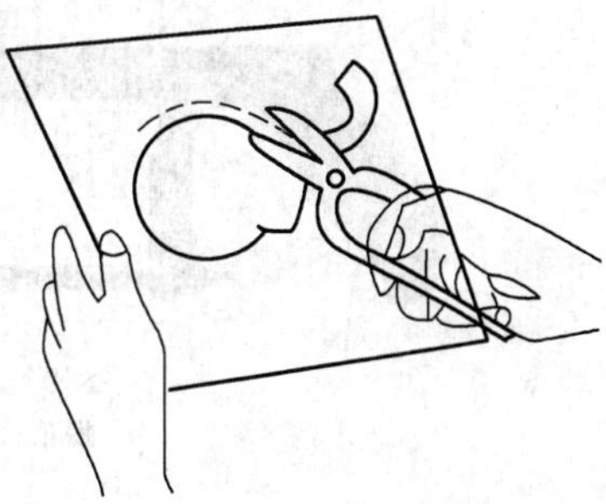

图 7-37 内圆的剪切方法

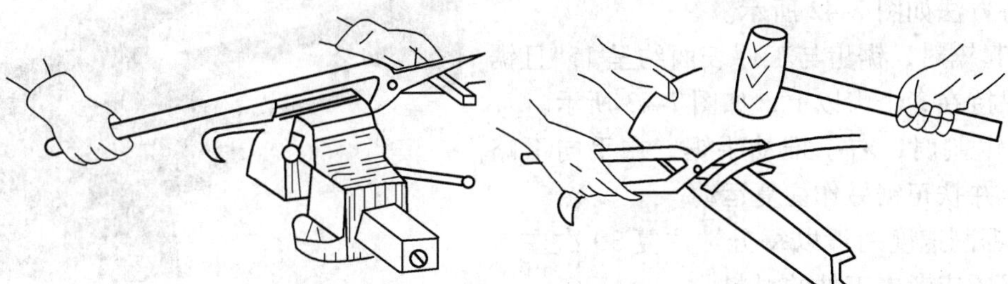

图 7-38 厚料剪切方法

a）在台虎钳上用剪刀剪切厚料 b）用敲击法剪切厚料

柄套上一根管子、右手握住管子，左手拿住板料进行剪切。也可由两人操作，一人敲，一人持剪刀和板料，这样敲击也可剪切较厚板料。

2）电动剪。电动剪属于振动式剪刀，由一个小型电动机带动刀杆上下快速运动，与下刀头配合达到剪切的目的，如图 7-39 所示。

3）风动手提式振动剪。风动手提式振动剪简称风剪。其特点是体积小，重量轻，操作灵活轻便。风动手提式振动剪如图 7-40 所示。

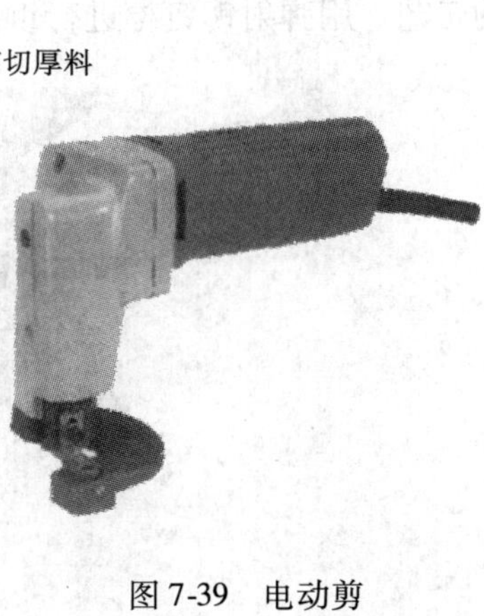

图 7-39 电动剪

（7）锯割工具　目前钣金件修理中多使用可调式锯弓，如图 7-41 所示。

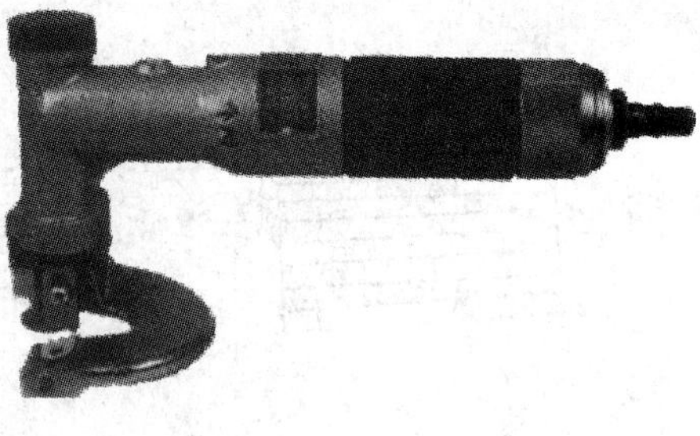

图 7-40　风动手提式振动剪

可调式手锯的使用方法如下：

1）选择锯条。

选择方法：目前常用锯条长度为 300 mm（锯条两端小圆孔中心距）、宽为 10mm、厚为 0.6mm。

2）安装锯条。

3）将工件夹持在台虎钳上，锯缝应靠近钳口处，以免切割时工件颤动。

图 7-41　可调式锯弓

4）右手紧握锯柄，左手挟持前端弓架，手锯握持方法如图 7-42 所示。

图 7-42　手锯握持方法

5）起锯时，锯齿与工件表面约呈 15°且锯齿面应保持在 3 个齿以上，如图 7-43 所示。

6）锯割时，右手推动手锯，左手向下略施压力，并扶正锯弓作往复运动。

7）锯割速度一般以每分钟往复 30 次左右为宜，但还应考虑工件的材料。

（8）铆枪　铆接是车身修理作业不可缺少的工艺。用弹射铆钉枪进行铆接是十分方便的。

a)　b)

图 7-43　起锯的方法

a）在工件前起锯　b）在工件后起锯

图7-44所示为电动抽芯铆枪。

图7-45为铆接过程示意图。先将铆钉组件插入被连接件的通孔中，用铆钉器将外伸之铆钉杆拉断，铆接即告成功。

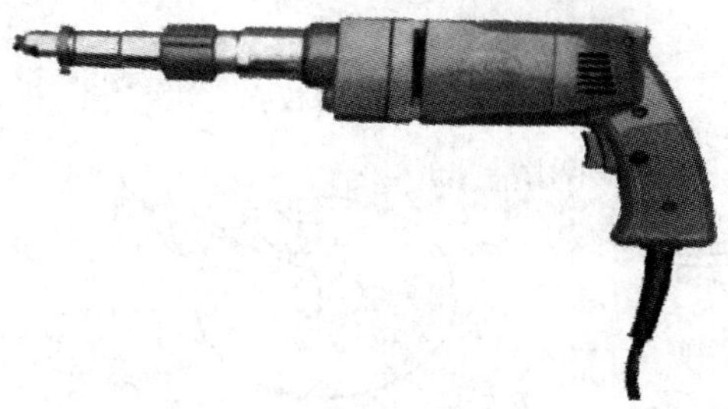

图7-44 电动抽芯铆枪

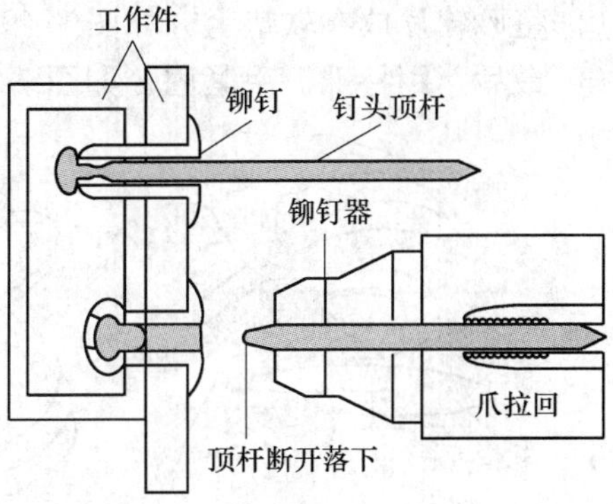

图7-45 铆接过程示意图

2. 电动工具

（1）手电钻 手电钻是以电为动力的手持式钻孔工具，电源电压一般有220V和36V两种，其尺寸规格有$\phi3.6 \sim \phi13$mm若干种。如图7-46所示。

（2）手提砂轮机 按砂轮直径分，常用的规格有$\phi150$mm、$\phi80$mm、$\phi40$mm三种，图7-47所示为手提电动砂轮机。

图7-46 手电钻

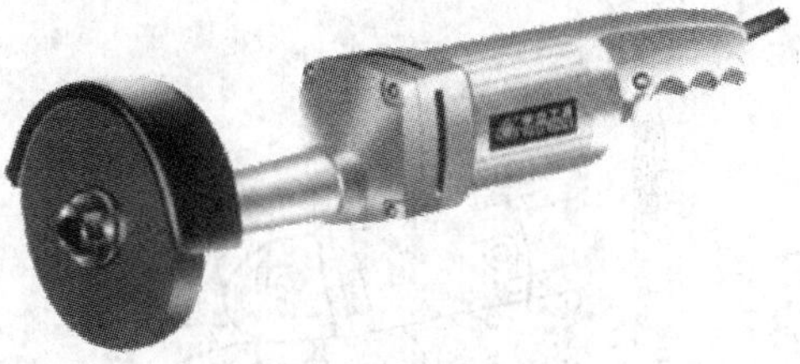

图7-47 手提电动砂轮机

（3）盘式砂磨机 盘式砂磨机通常打磨工作时用的砂轮片粒度为60#、80#或120#等，一般常用的是80#，如图7-48所示。

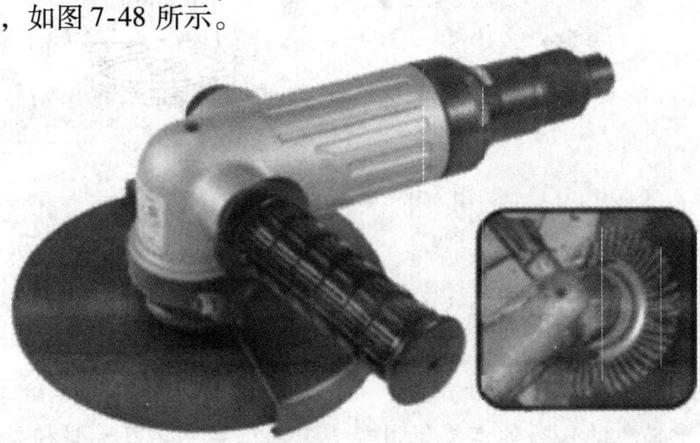

图7-48 盘式砂磨机

盘式砂磨机的使用方法：

1）安装砂轮片。

① 将软垫背装在转轴上，用手旋至紧固即可，如图 7-49a 所示。

② 将砂轮片放在软垫上，如图 7-49b 所示。

③ 最后，用特殊扳手紧固，如图 7-49c 所示。

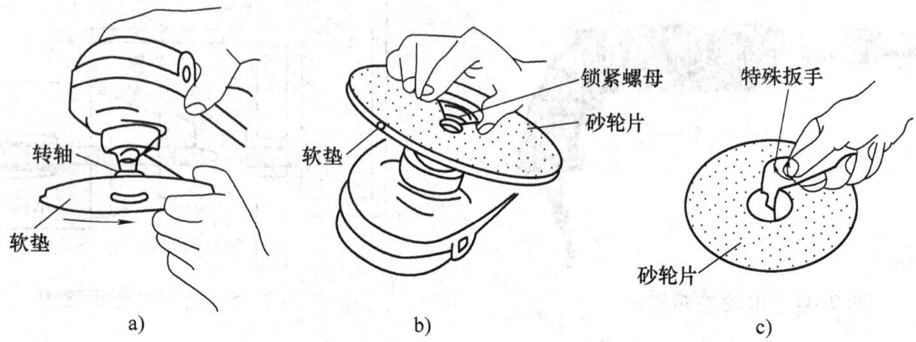

图 7-49　砂轮片的安装

a）装软垫　b）装砂轮片　c）紧固

2）右手抓住砂磨机前面把手，左手抓住后面把手，启动开关。

3）在金属表面开始打磨。

打磨方法：正确的打磨方法如图 7-50 所示，应使砂轮片的 1/3 表面与被加工表面接触，其研磨效果最好。

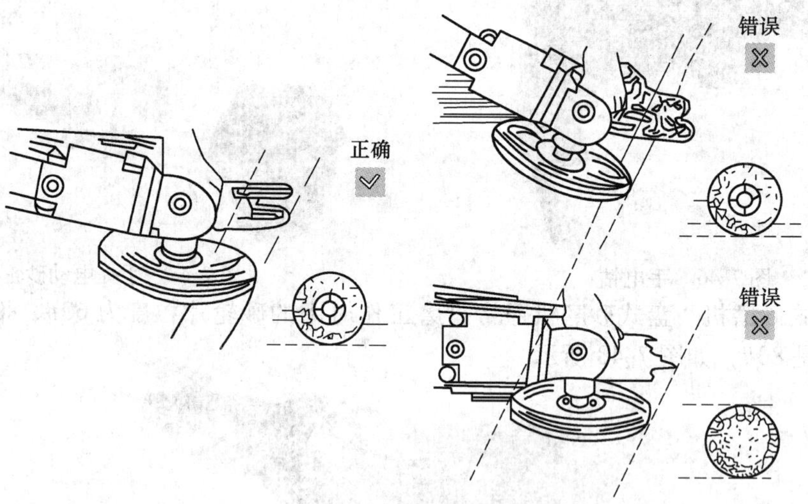

图 7-50　正确打磨方法

友情提醒：

磨削过程中，人不要站在出屑的方向，以防切屑飞出伤害眼睛。

想一想：

为了完成情境中描述的任务你需要使用哪些工艺？需要学习哪些相关技能知识？如何展开修复工序？

7.2　汽车钣金修复的基本工艺

1. 钣金件校正工艺

(1) 手工校正工艺　手工校正是在平板、钻砧或台虎钳上用锤子等工具。常用的手工校正方法有延展法、扭转法、弯形法和伸张法。

1) 延展法。延展法主要针对金属薄板中部凹凸而边缘呈波浪形以及翘曲等变形的情形，如图7-51所示。

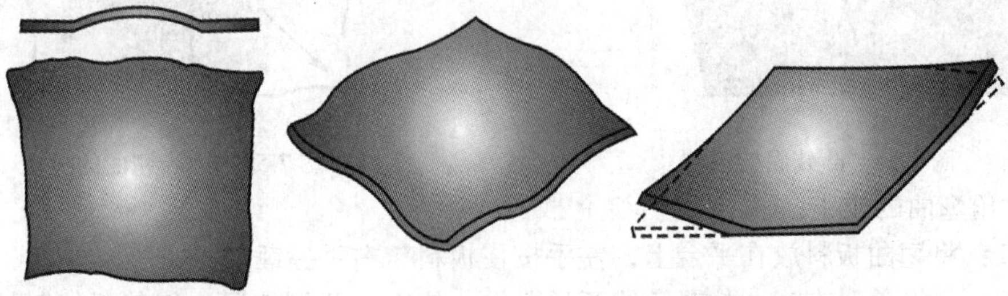

图7-51　延展法校正金属薄板

a) 中间凸起　b) 边缘呈波浪形　c) 对角翘起

2) 扭转法。扭转法是用来校正条料扭曲变形的。操作时将条料夹持在台虎钳上，用扳手把条料扭转到原来形状，如图7-52所示。

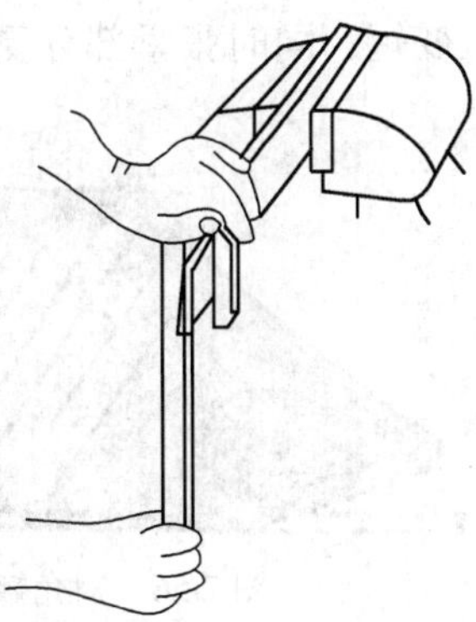

图7-52　扭转法校正条料

3) 弯形法。弯形法是用来校正各种弯曲的棒料和在宽度方向上弯曲的条料。

4) 伸张法。伸张法是用来校正各种细长线材的，如图7-53所示。

① 凸鼓面的校正：

步骤1：将板料凸面向上放在平台上，左手按住板料，右手握锤。

步骤2：敲击应由板料四周边缘开始，逐渐向凸鼓面中心靠拢，如图7-54所示。

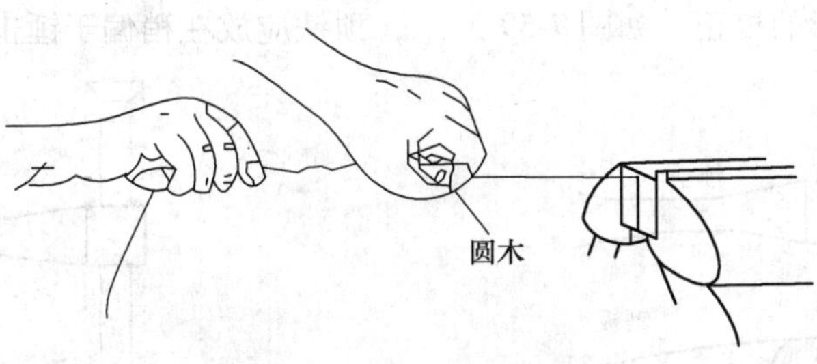

图7-53　伸张法校直线材

步骤3：板料基本校正后，再用木锤进行一次调整性敲击，以使整个组织舒展均匀。

② 边缘翘曲的校正：

步骤 1：将边缘呈波浪形板料放在平台上，左手按住板料，右手握锤。

步骤 2：敲击由板料中间开始，逐渐向四周扩散，如图 7-55 所示。

步骤 3：板料基本校正后，再用木锤进行一次调整性敲击，以使整个组织舒展均匀。

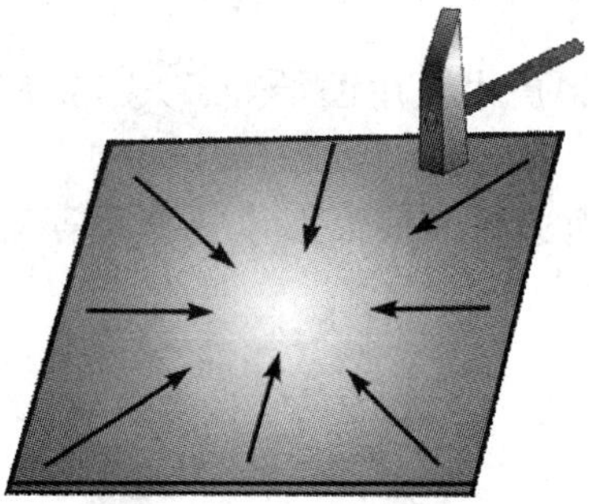

图 7-54　凸鼓面校正

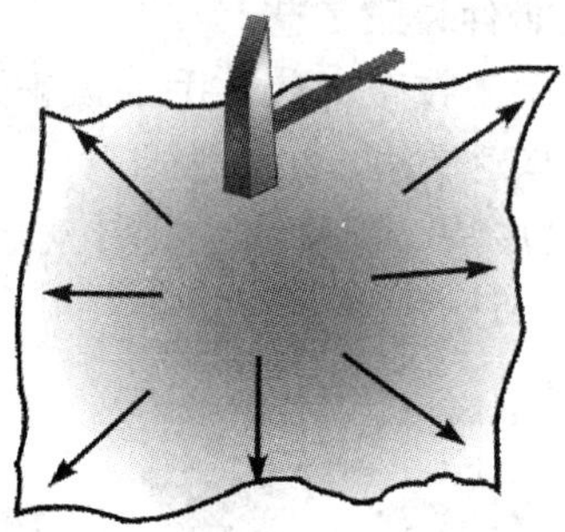

图 7-55　边缘翘曲的校正

③ 对角翘曲的校正：

步骤 1：将翘曲板料放在平台上，左手按住板料，右手握锤。

步骤 2：先沿着没有翘曲的对角线开始敲击，依次向两侧伸展，使其延伸而校正，如图 7-56 所示。

步骤 3：板料基本校正后，再用木锤进行一次调整性敲击，以使整个组织舒展均匀。

④ 板料的拍打校正。如图 7-57 所示，用拍板(甩铁)在板料上拍打，使板料凸起部分受压变短，同时张紧部分受压伸长，从而达到校正的目的。

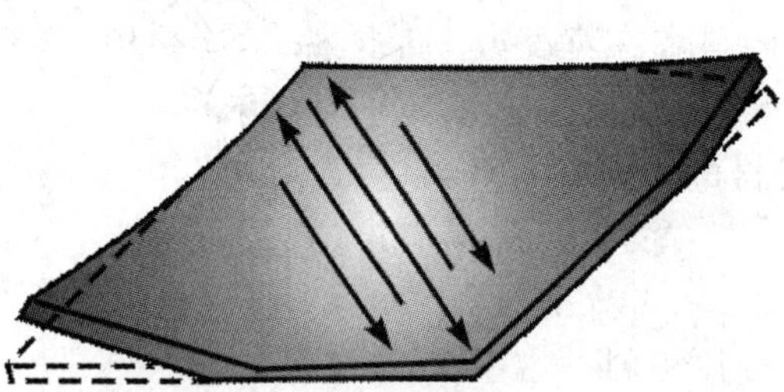

图 7-56　对角翘曲的校正

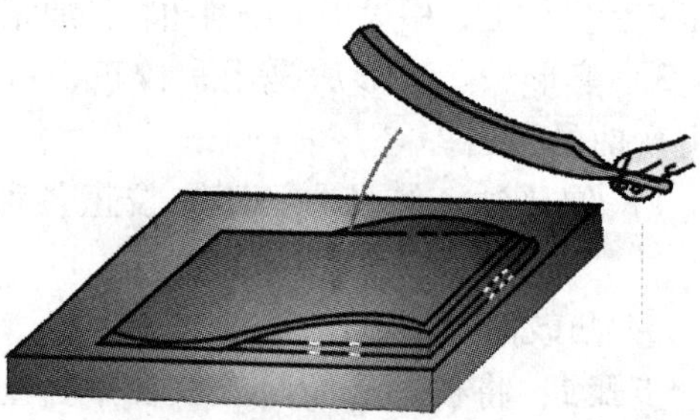

图 7-57　板料的拍打校正

⑤ 曲面凸鼓变形的校正。如图 7-58 所示，首先使锤与顶铁中心对正，然后进行敲击修整。握锤的手不宜过紧，以手腕的力量敲击。敲击速度大约 100 次/min 为宜。

⑥ 曲面凹陷变形的校正。如图 7-59 所示，顶铁应放在稍偏于锤击之处，锤击点为凸凹

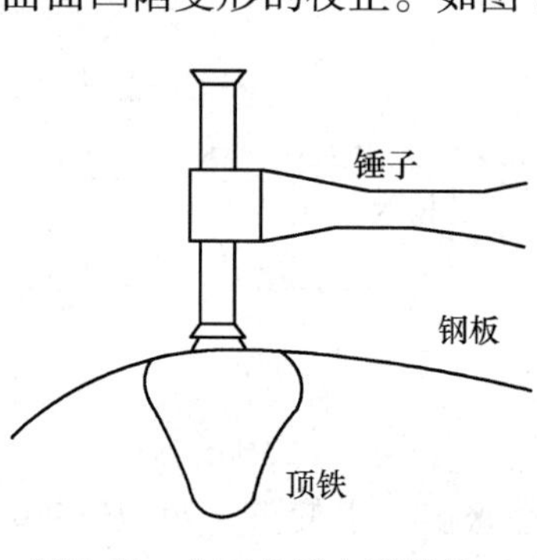

图 7-58　曲面凸鼓变形的校正

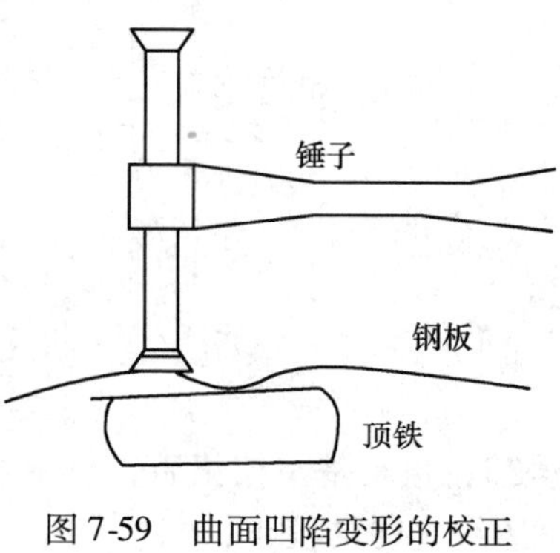

图 7-59　曲面凹陷变形的校正

不平表面的较高部位。这样可使钢板在顶铁与锤击点中间处受到作用力。

⑦ 大凹面的校正。如图 7-60 所示，首先可用喷灯将凹面中间部位加热至粉红色的炽热状态，然后在中间部位下侧以顶铁顶起，从而使原来凹陷得到初步复位。再用锤和顶铁相互配合将四周变高的部分逐渐敲平，恢复原来的几何形状。

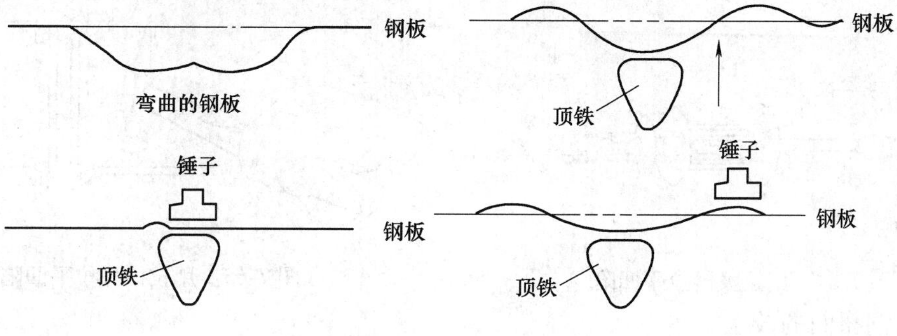

图 7-60　大凹面的校正

⑧ 大曲率表面的校正。如图 7-61 所示，修整如翼子板、挡泥板等表面曲率较大的部位(高凸面)时，可先用火焰加热，然后顶铁顶起，最后锤击敲平，达到原来的外形形状。

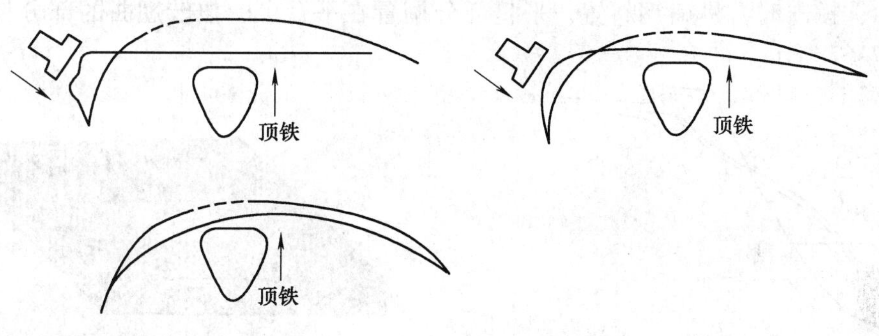

图 7-61　大曲率表面的校正

⑨ 小凹痕的校正：

步骤 1：如图 7-62 所示，用鹤嘴锤的尖头把凹陷处从里往外锤平。

步骤 2：如图 7-63 所示，用撬棍伸进狭窄的空间，把凹陷撬平。此法一般用来撬平车门、后翼子板和其他封闭式车身板的凹陷。

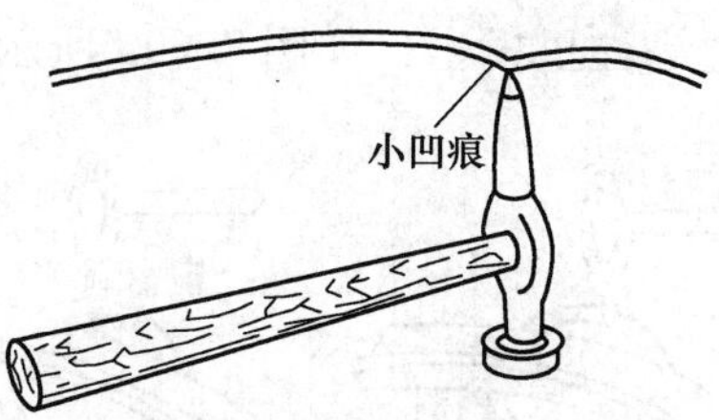

图 7-62　敲平小凹陷

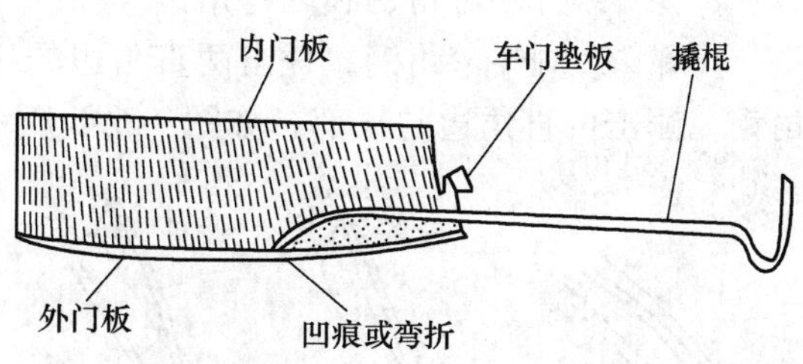

图 7-63　用撬棍撬平凹陷

步骤 3：如图 7-64 所示，用凹陷拉拔器将凹陷拉平。主要用于封闭型车身板或从后面无法接近的皱折。

步骤4：用拉拔杆将凹陷拉平，如图7-65所示，敲打和拉拔使凸起部降低、凹陷上升。

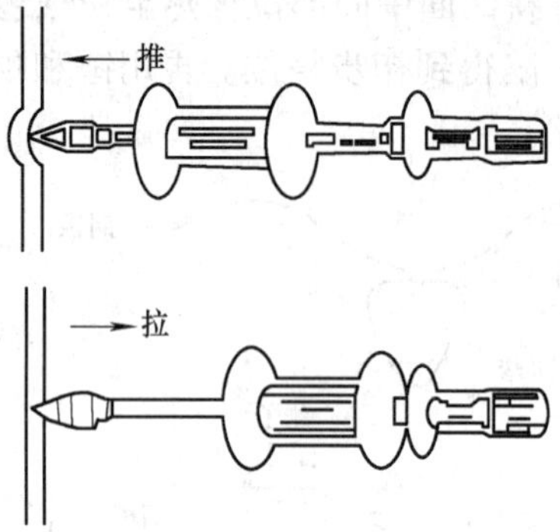

图7-64　用拉拔器拉平凹陷

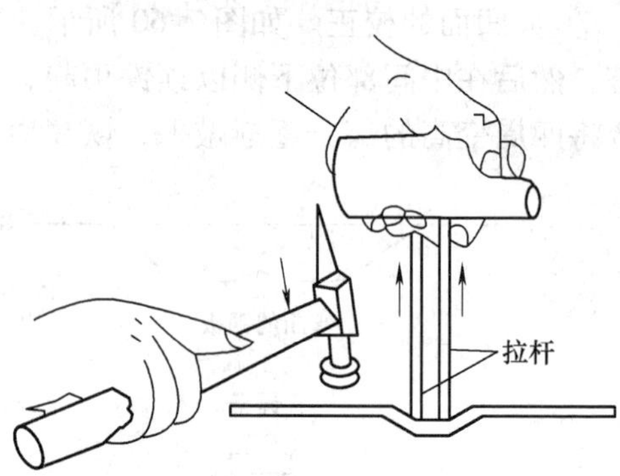

图7-65　用拉拔杆拉平凹陷

⑩ 扁钢扭曲的校正：

步骤1：将扁钢夹持在台虎钳上。

步骤2：用呆扳手夹住扁钢的另一端，用力往扁钢扭曲的反方向扭转，如图7-66所示。

步骤3：扭曲变形基本消除后，采用捶击法将其校正。

步骤4：捶击时，将扁钢斜置，平整部分搁置在平台上，扭转翘曲的部分伸出在平台外，如图7-67所示。

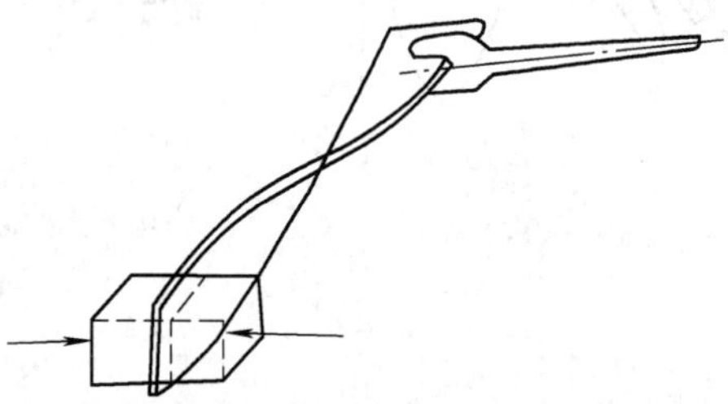

图7-66　用台虎钳校正扭曲

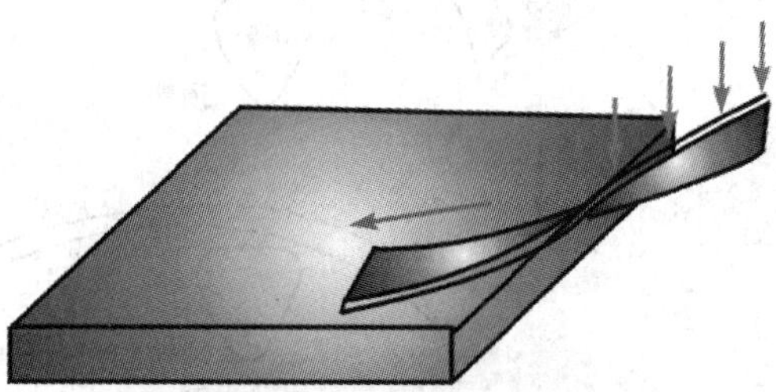

图7-67　扭曲的捶击校正

步骤5：用锤子敲击稍离平台外向上翘曲的部分，敲击点离平台的距离约为板料厚度的2倍，边敲击边将扁钢向平台内移动。

步骤6：翻转180°再进行同样的敲击，直到校正为止。

⑪ 角钢的变形与校正(图7-68)。

步骤1：将外弯角钢和内弯角钢放在圆筒铁砧或带孔的平台上。

步骤2：对外弯角钢，捶击两直角边的边缘，从边缘往里捶击，如图7-69a所示；对弯角钢，捶击两直角边的根部，如图7-69b所示。

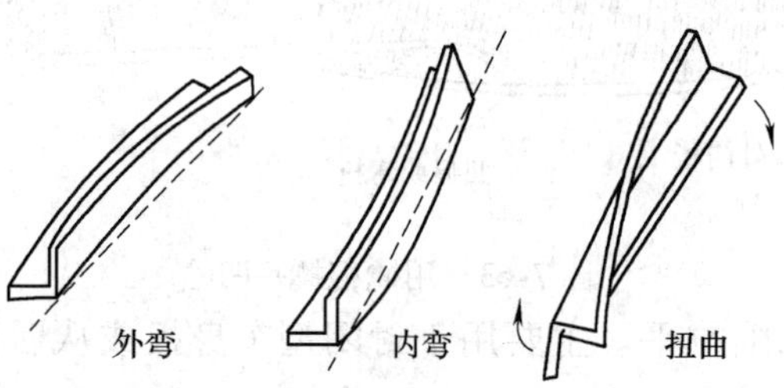

图7-68　角钢的变形

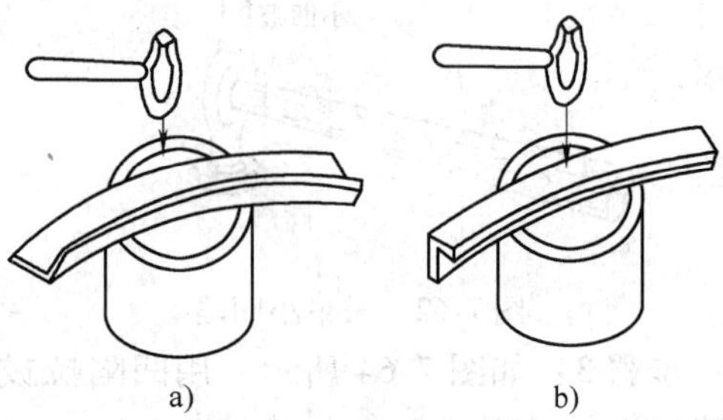

图7-69　角钢弯曲的校正

步骤3：将扭曲角钢的一端夹紧在台虎钳上。

步骤4：用呆扳手夹住角钢另一端的直角边，用力使角钢沿相反的方向扭转，并稍微超过角钢的正常状态，如图7-70所示。

步骤5：反复几次基本消除角钢的扭曲变形。

⑫ 圆钢变形的校正。如图7-71所示，圆钢多为弯曲变形，其校直只需将圆钢放置于平台上，使凸起处向上，用适当的中间垂置于圆钢的凸起处，然后敲击中间锤的顶部进行校正。

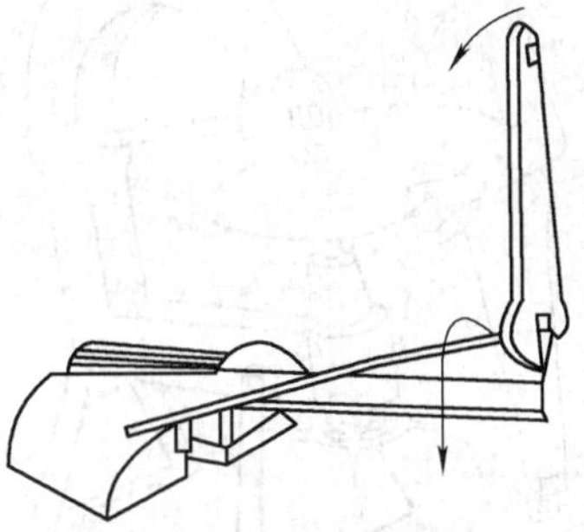

图7-70 角钢扭曲的校正

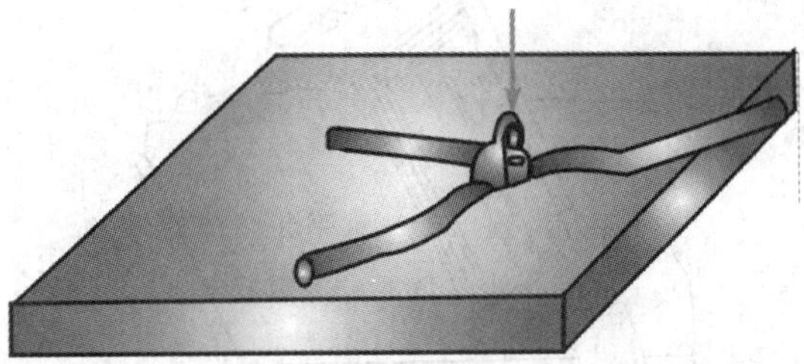

图7-71 圆钢变形的校正

⑬ 焊接件的校正：

a. L形焊接件角度的校正。校正方法：图7-72所示为由两根角钢垂直地焊在一起构成的L形焊接件，冷却后焊接角度会发生变化。

b. 矩形框架的校正。校正方法：图7-73所示为矩形焊接件。框架AD与BC边出现双边弯曲现象时，可将框架立于平台上，外弯边AD朝上，BC边两端垫上垫板，捶击凸起点E如果四边都略有弯曲，可分别向外或向内捶击凸起处。

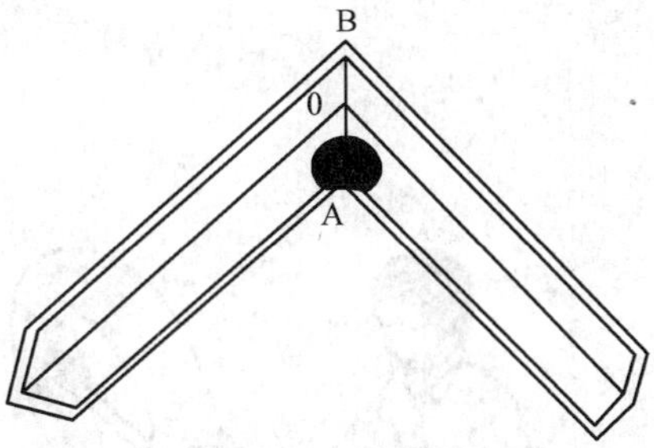

图7-72 L形焊接件角度的校正

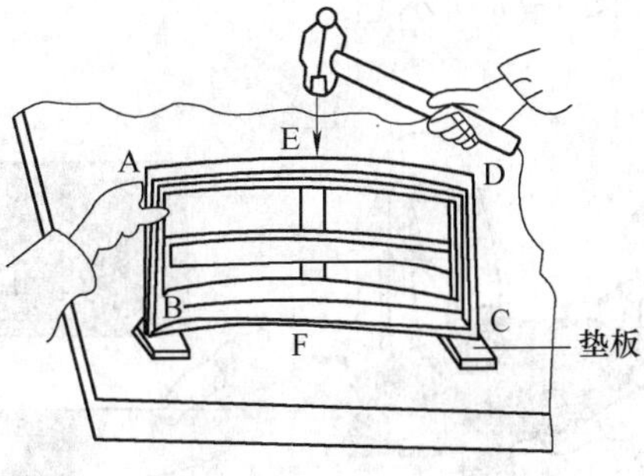

图7-73 矩形框架的弯曲校正

当尺寸误差不太大时，把框架竖起来，捶击较长一边的端头，使其总长缩短。如$\angle B$和$\angle D$小于90°，采用图7-74所示的方法，捶击B点使其扩展。

（2）机械校正工艺 手工校正效率低，劳动强度大，仅适用于对小件的校正。对于尺寸较大的工件，则采用专用机械进行校正。

汽车钣金材料的机械校正是通过校正机对钢板进行多次反复弯曲，使钢板长短不等的纤维趋向相等，从而达到校正的目的。

汽车钣金板料变形的校正一般都是在上、下辊平行的校正机上进行。

汽车钣金件的机械整平方法：

① 操作要求。正确使用辊子式整平机；按照要求将变形钣金件整平；操作时，不得将手放在辊子周边。

② 操作步骤。

a. 金属板料的机械整平。整平方法：如图 7-75 所示，轴辊的间隙根据板厚进行调节。校正的质量取决于辊子的精度。

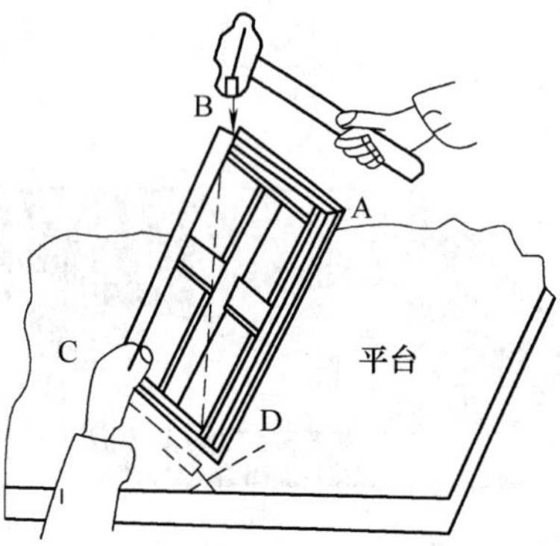

图 7-74　矩形框架的弯曲校正

图 7-75　金属板料的机械整平

b. 滚压已预先成型的工件。滚压方法：如图 7-76 所示，首先将工件下面的辊子换成比工件之上的辊子曲率略小的辊子，然后利用急松装置将底辊升起，同时将工件置于辊子之间，调整底轮的压力，使工件能在适度的压力之下在辊子间滑动。

注意：要全面滚压，以免局部延展伸长。要随时利用样板核对工件的曲率。将钣金件在一个方向依次滚压完后，再将工件调转 90°，重复以上操作，滚压线路与原来方向交叉进行，如图 7-77 所示。

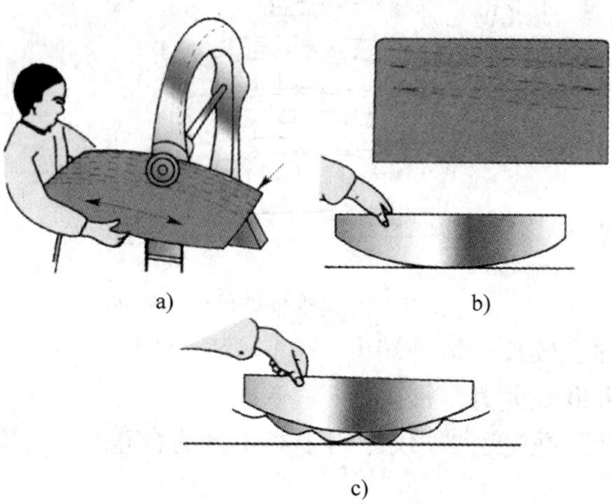

图 7-76　滚压已预先成型的工件

a）前后滚压方法　b）样板核对　c）钣金件的波形皱纹

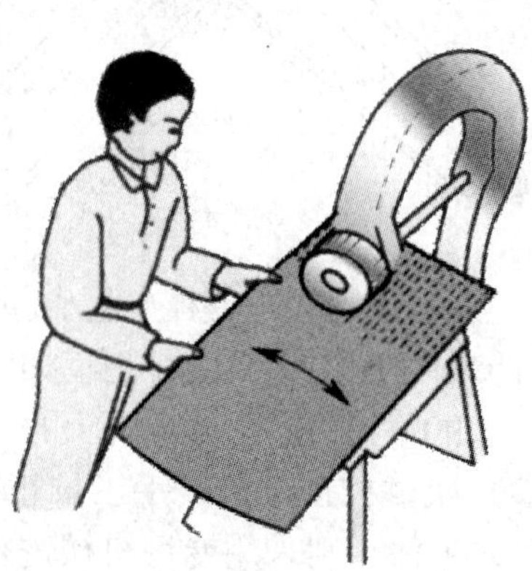

图 7-77　将钣金件转 90°后滚压

c. 滚压平钣金件的波形皱纹。滚压方法：如图 7-78 所示，滚压时金属板移动的方向与原来移动的方向成对角线，压力保持均匀，并平稳地移动，以免再度造成波纹。

d. 大型钣金件的成形方法：成形方法：如图 7-79 所示，根据工件的要求在滚压大型钣金件时需要两个人把持工件，在滚压机上按以上描述依次前后移动。

图 7-78　滚压平钣金件的波形皱纹

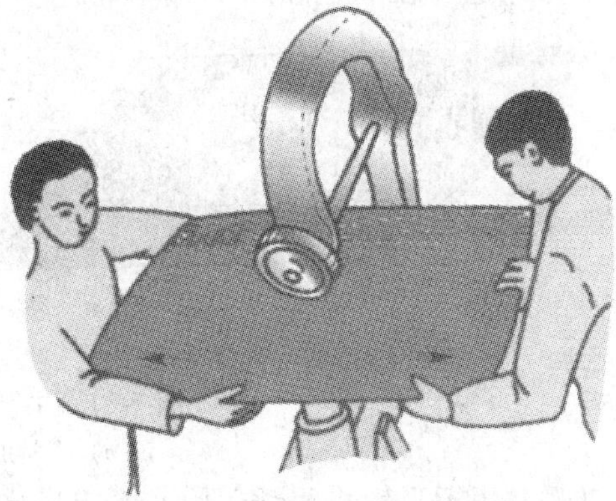

图 7-79　大型钣金件滚压成形

(3) 火焰校正工艺

1）火焰校正原理：火焰校正就是对变形的钢材采用火焰局部加热的方法进行校正。

金属材料具有热胀冷缩的特性。火焰校正正是利用这种新的变形去校正原来的变形。

2）加热位置、火焰能率与校正的关系。火焰校正的效果主要取决于加热的位置和火焰的能率。

不同的加热位置可以校正不同方向的变形。若位置选择错误，不但起不到校正的作用，反而会使变形更加复杂、严重。

3）加热方式：

① 点状加热：加热的区域为一定直径范围的圆圈状点，故称点状加热，如图 7-80a 所示。

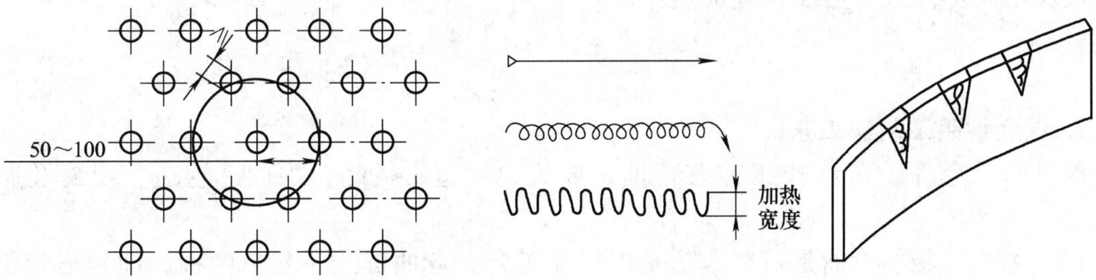

a)　b)　c)

图 7-80　加热方式

a）点状加热　b）线状加热　c）三角形加热

② 线状加热：加热区域为条状，火焰运行呈“S”状连续前行或循环环状前行，如图 7-80b 所示。

③ 三角形加热：加热区域呈三角形的加热方法称为三角形加热，如图 7-80c 所示。

4）火焰校正的操作：

① 中部凸鼓工件的火焰校正：

步骤 1：将板料置于平台上，用卡子将板料四周压紧。

步骤 2：用点状加热方式加热凸鼓处周围，如图 7-81a 所示。

说明：也可采用线状加热方式，即从中间凸鼓部分的两侧开始加热，然后逐步向凸鼓处围拢的方式进行校平，如图 7-81b 所示。

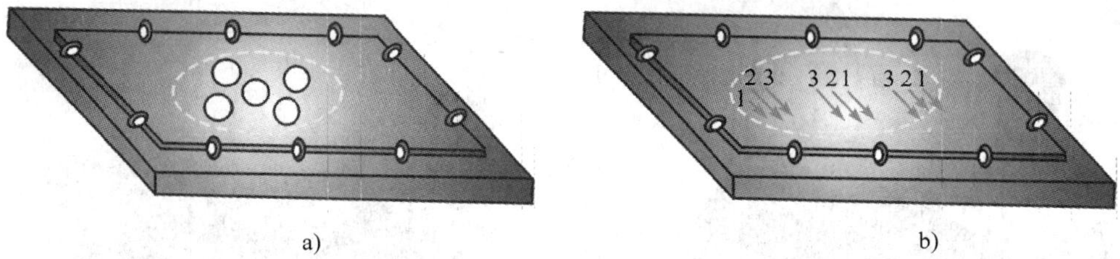

图 7-81　中部凸鼓工件的火焰校正

a）点状加热　b）线状加热

步骤 3：矫平后再用锤子沿水平方向轻击卡子，便能松开卡子取出板料。

② 边缘波浪形工件的火焰校正：

步骤 1：用卡子将板料三面压紧在平台上，波浪形变形集中的一边不要卡紧，如图 7-82 所示。

步骤 2：用线状加热方式先从凸起两侧平的地方开始加热，再向凸起处围拢，加热次序如图 7-82 中的箭头所示。

说明：加热线长度一般为板宽的 1/3～1/2，加热线距离视凸起的高度而定，凸起越高，距离应越近，一般取 20～50mm。若经过第一次加热后还有不平，可重复进行第二次加热校正，但加热线位置应与第一次错开。

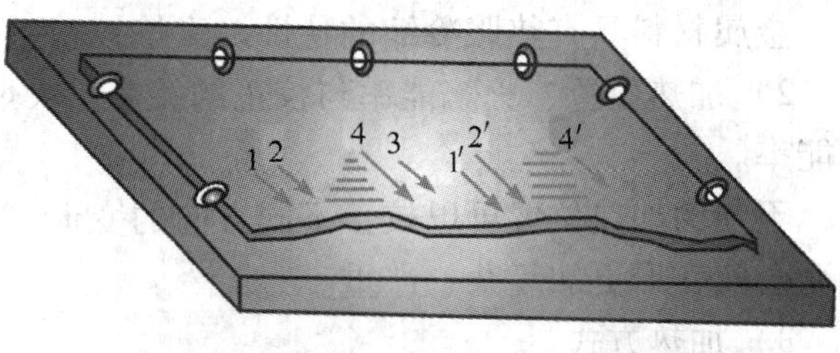

图 7-82　边缘波浪形工件的火焰校正

2. 钣金件手工制作工艺

常见的钣金件手工制作工艺有弯曲、放边、收边、拔缘、拱曲、卷边、咬缝及制筋工艺。

（1）弯曲　板料弯曲是钣金成形基本操作工艺，弯曲形式一般有两种，即角形弯折和弧形弯曲。

1）角形弯折。板料角形弯折后出现平直的棱角。弯折前，板料根据零件形状划线下料，并在弯折处画出折弯线，一般折弯线画在折角内侧。

如果零件尺寸不大，折弯工作可在台虎钳上进行。将板料夹持在台虎钳上，使折弯线恰好与钳口衬铁对齐，夹持力度合适。当弯折工件在钳口以上较长或板料较薄时，应用左手压住工件上部，用手锤在靠近弯曲部位轻轻敲打，如图 7-83 所示，如果敲打板料上方，易使板料翘曲变形。若板料在钳口以上部分较短，可用硬木垫在弯角处，再用力敲打硬木，如图

7-84 所示。

a)　　b)

图 7-83　弯钳口上段较长的工作

a）正确的　b）错误的

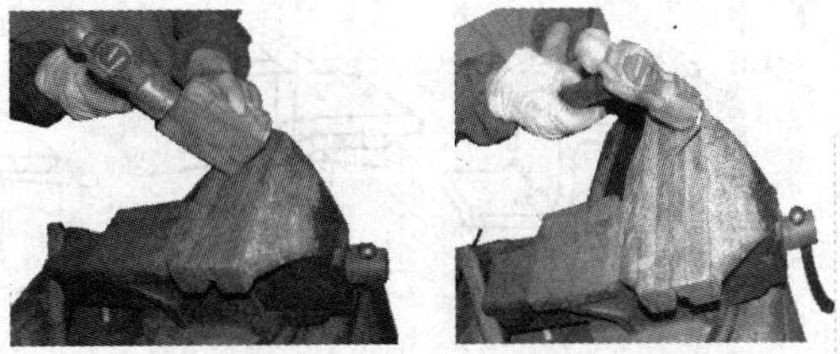

a)　　b)

图 7-84　弯钳口上段较短的工作

a）正确的　b）错误的

如果钳口宽度较零件宽度小，可借助夹持工具完成，如图 7-85 所示。

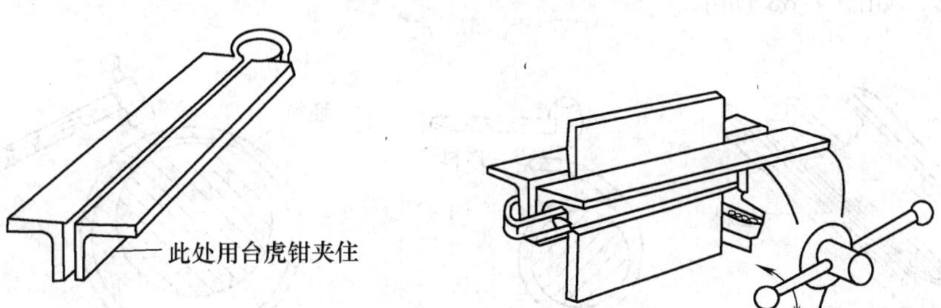

a)　　b)

图 7-85　用角铁夹持弯直角

如果要将钣金件弯成各种形状时，可借助衬垫（木质或金属）完成，如图 7-86、图 7-87 所示。

① 弯 S 形件。其操作顺序如图 7-86 所示。依画线夹持板料，弯成 α 角，然后将方衬垫垫入 α 角，再弯折 β 角。

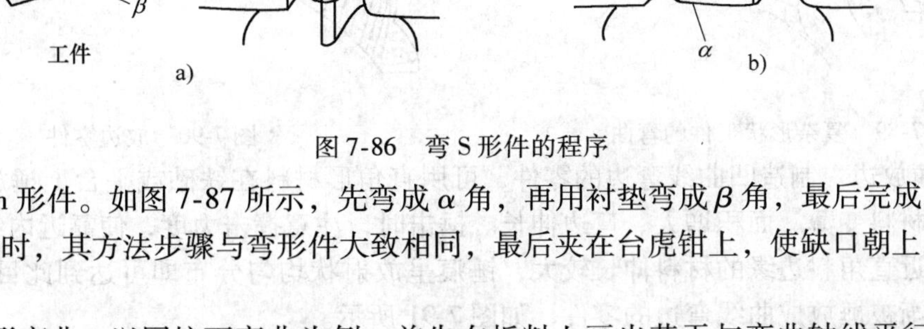

a)　　b)

图 7-86　弯 S 形件的程序

② 弯 n 形件。如图 7-87 所示，先弯成 α 角，再用衬垫弯成 β 角，最后完成 θ 角。弯曲封闭的盒子时，其方法步骤与弯形件大致相同，最后夹在台虎钳上，使缺口朝上，再向内弯折成形。

2）弧形弯曲。以圆柱面弯曲为例，首先在板料上画出若干与弯曲轴线平行的等分线。作为弯曲时的基准线，后用槽钢作为胎具，将板料从外端向内弯折。当钢板边缘接触时，将

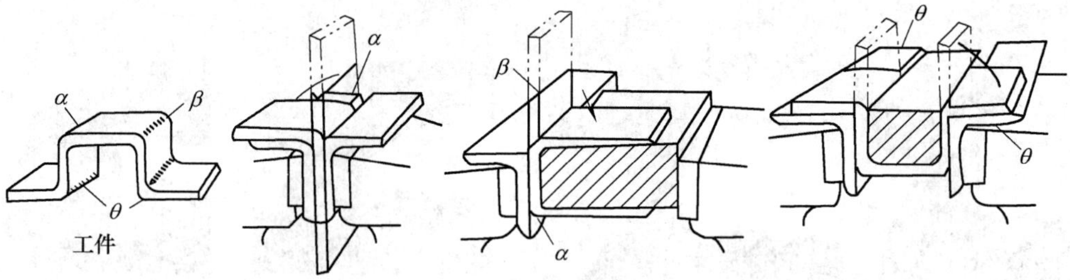

工序1:弯成α角　　工序2:用衬垫①弯成β角　　工序3:用衬垫②弯成θ角

图 7-87　弯 n 形件的程序

对接缝焊接几点。将零件在圆钢管上敲打成形，再将接缝焊牢。捶击时，应尽量使用木棰，以防板料变形，如图 7-88 所示。

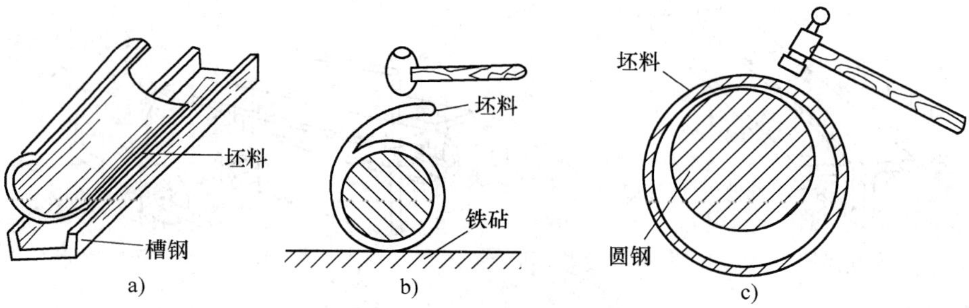

图 7-88　圆柱面的弯曲

a）在槽钢上弯曲　b）在铁砧上弯曲　c）在圆钢上整圆

3）复杂形状工件的弯曲。如图 7-89 所示，用垫铁和手锤配合进行弯曲，一手持垫铁在工件背面垫托，垫铁的边缘要对准弯折线，另一手持手锤子从正面弯折线处敲击，边敲击边移动垫铁，循序渐进，使工件边缘逐渐形成弯曲。

（2）放边　通过板料变薄而导致角形零件弯曲成形的方法称做放边，如图 7-90 所示。

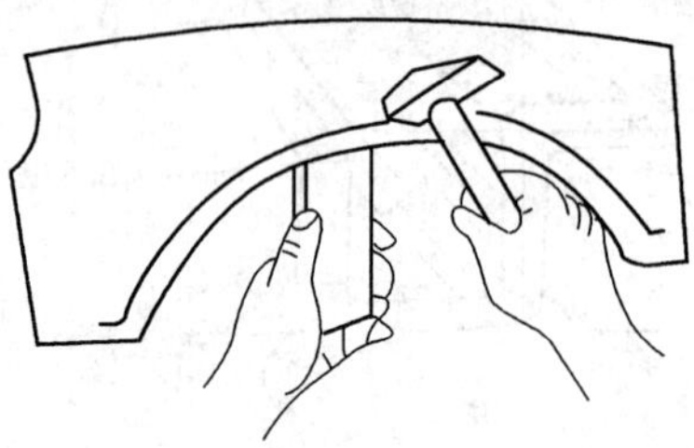

图 7-89　复杂形状工件的弯曲

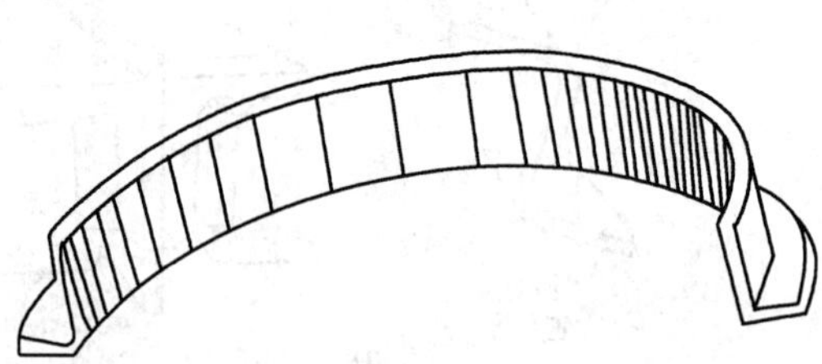

图 7-90　放边零件

1）打薄放边。制造凹曲线弯边的零件，可用直角形材料在铁砧或平台上捶放直角料边缘，使边缘材料变薄、面积增大、弯边伸长。捶击时，注意握击力度，使靠近内缘的材料伸长较小，靠近直角料边缘的材料伸长较大，锤痕呈放射状均匀分布即可达到此目的。这样，直角料就逐渐被捶放成曲线弯边的零件，如图 7-91 所示。

2）收边。

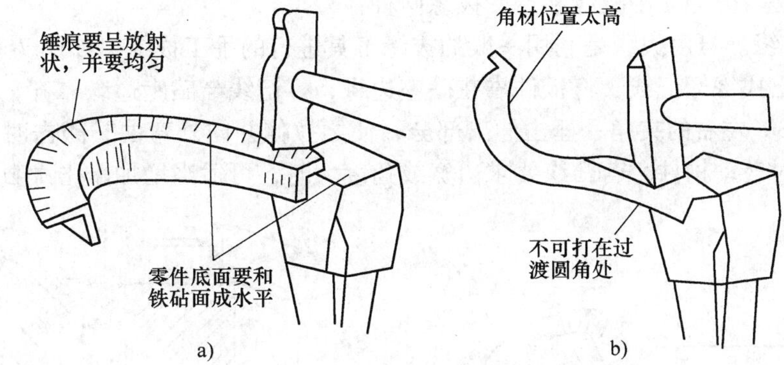

图 7-91 打薄放边

a）正确 b）不正确

收边的常用方法有用折皱钳起皱和搂弯收边这两种方法。

① 用折皱钳起皱：

步骤 1：将零件折弯，如图 7-92a 所示。

步骤 2：校直直角料，使之平直。

步骤 3：用折皱钳使收缩边起皱褶，如图 7-92b 所示。

步骤 4：收缩边边缘长度减小，使角料呈圆弧形，如图 7-92c 所示。

步骤 5：放在铁砧上用铁锤敲平，如图 7-92d 所示。

步骤 6：锉削毛边。

② 搂弯收边：如图 7-93 所示，将坯料夹在型胎上，用铝棒顶住毛坯，用木棰敲打顶住部分，使板料弯曲逐渐收缩靠近型胎。

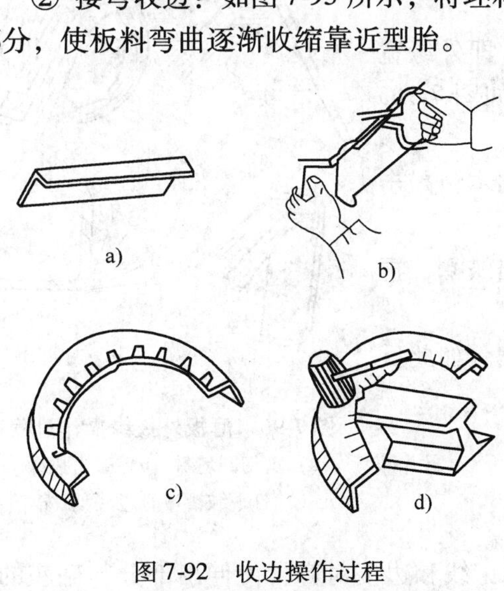

图 7-92 收边操作过程

a）折弯 b）收缩边起皱褶

c）角料呈圆弧形 d）敲平

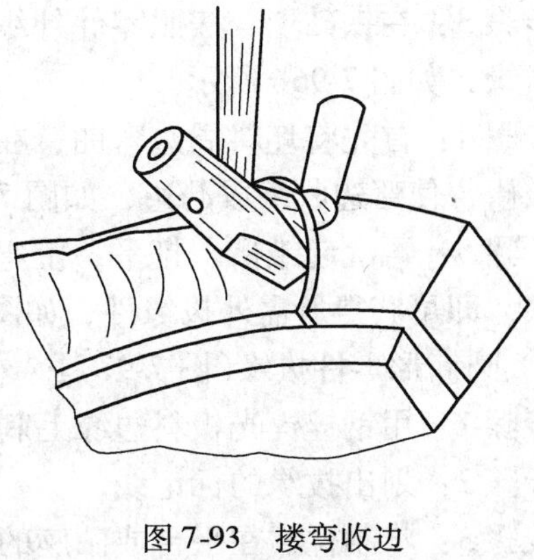

图 7-93 搂弯收边

（3）拔缘 在板料边缘，利用手工捶击弯曲成弯边的方法称为拔缘。拔缘主要针对环形板料边缘的弯曲，分为外拔缘和内拔缘两种形式。图 7-94 所示为部分板料构件的拔缘情况。

拔缘的方法可分为自由拔缘和型胎拔缘两种：

1）自由拔缘。自由拔缘是利用一般的拔缘工具进行的手工拔缘，如图 7-95 所示。其方法如下：先划出拔缘标记线，将板件靠在砧座边缘，标记线与砧座边缘靠齐，板料捶击部位与座平面形成 30°左右的夹角；捶击伸出部分，使之拉伸并向外弯曲，敲击时用力适当，敲击均匀，并随时转动构件。若凸缘要求边宽或角度大时，可适当增加敲击次数。

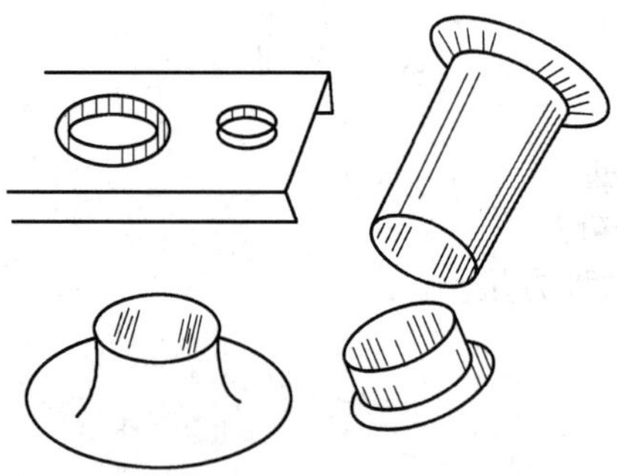

图 7-94　部分拔缘加工件图例

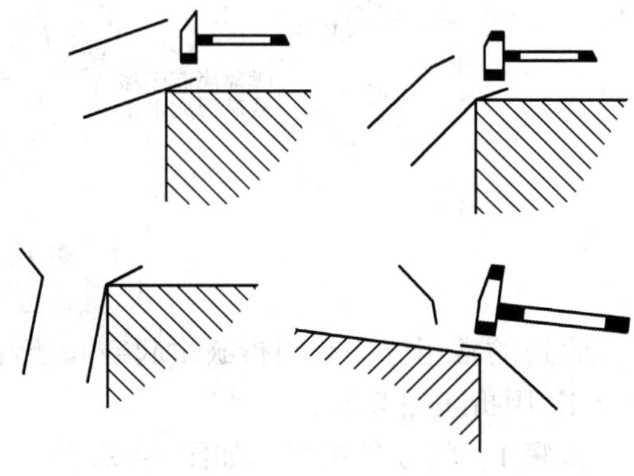

a)　　b)

图 7-95　自由拔缘

a）外拔缘　b）内拔缘

① 薄板外拔缘：

步骤 1：计算出坯料直径。方法：坯料计算直径 D 等于零件内腔直径加上两倍拔缘宽度。

步骤 2：在坯料上划出内圆与外环的分界线（即外缘宽度线），然后按毛坯直径剪切圆坯料，去毛刺，如图 7-96a 所示。

步骤 3：在铁砧上，按照零件外缘宽度线，用木锤敲击进行拔缘，如图 7-96b 所示。

步骤 4：首先将坯料周边弯曲，在弯边上制出皱褶，再打平皱褶，使弯边收缩成凸边，如图 7-96c 所示。

步骤 5：再次起皱褶、打平，使弯边再次收缩。如此反复多次，即可获得所需外拔缘件，如图 7-96d 所示。

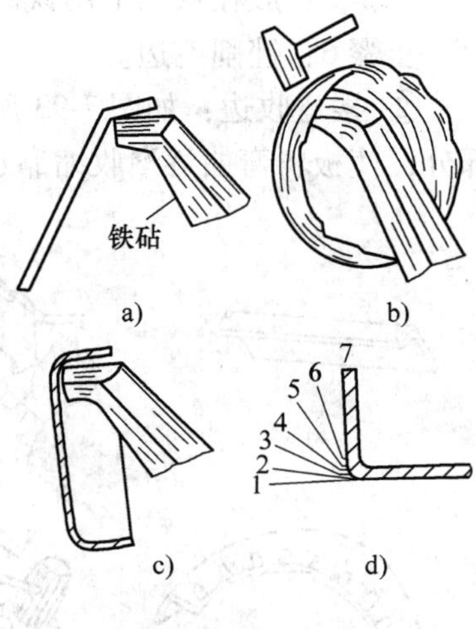

图 7-96　薄板外拔缘操作过程

a）剪切圆坯料　b）敲击拔缘

c）打平皱褶　d）反复收缩

② 圆筒形零件拔缘（图 7-97）：

步骤 1：用钢锉锉光板料边缘毛刺。

步骤 2：划出拔缘的标记线。

步骤 3：将制件靠在平台或砧座的边棱上，标记线和边棱对齐，使伸出部分与砧座的平面保持 30°左右的夹角，如图 7-98a 所示。

步骤 4：在铁砧上用锤子将标注线处敲打成圆角。敲击用力要适当，击点要均匀，以免产生裂纹，如图 7-98b 所示。

步骤 5：最后再打平波纹，使弯边收缩，如图 7-98c 所示。

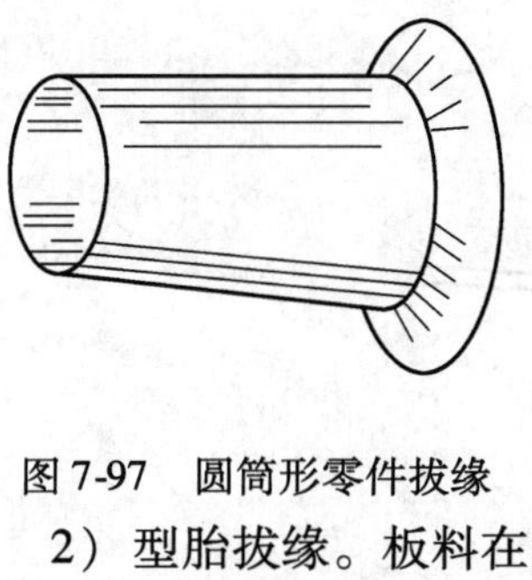

图 7-97 圆筒形零件拔缘

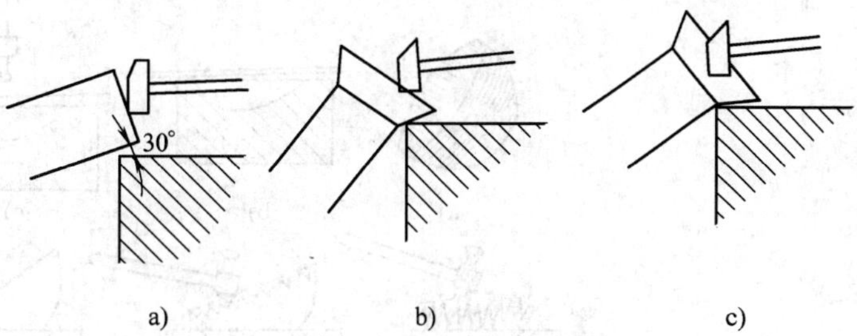

图 7-98 圆筒形零件拔缘过程

2）型胎拔缘。板料在型胎上定位，按型胎拔缘孔进行拔缘，适合制作口径较小的零件拔缘，可一次成形，如图 7-99 所示。

① 胎型外拔缘：

步骤 1：将拔缘零件固定在胎具上。固定方法：在坯料的中心焊装一个钢套，以便在胎型上固定坯料拔缘的位置，然后用压板压住零件。

步骤 2：用氧-乙炔火焰对拔缘零件边缘加热。

步骤 3：进行拔缘，如图 7-100 所示。

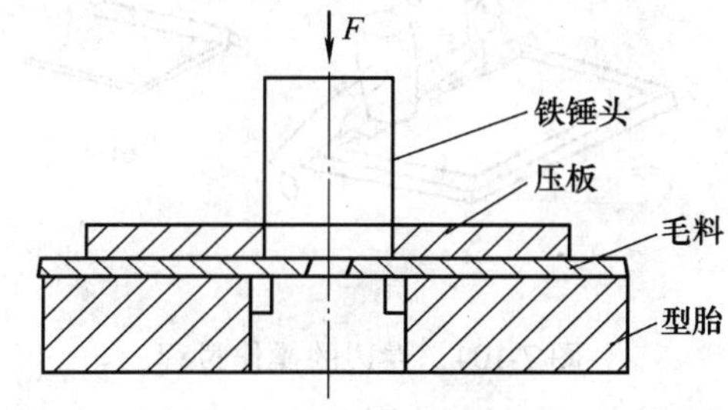

图 7-99 型胎拔缘

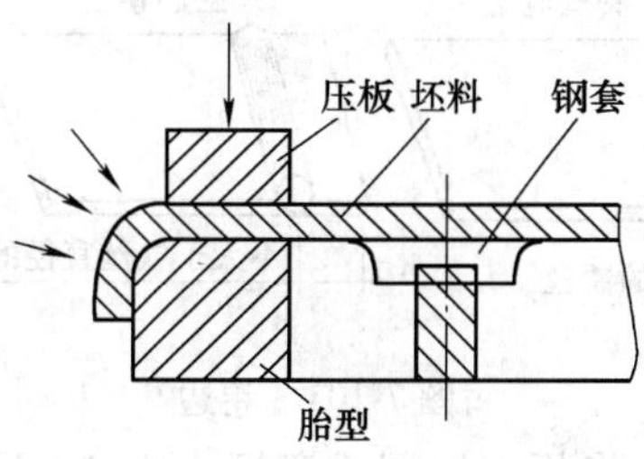

图 7-100 胎型外拔缘

② 胎型内拔缘：

步骤 1：下料，并去毛刺。

步骤 2：将零件放在胎模上，用压板压住。

步骤 3：内孔直径不超过 80mm 的薄板内拔缘，可采用一个圆形木棰一次冲出弯边，如图 7-101 所示。对于较大的圆孔和椭圆孔的厚板内拔缘，可制作相应的钢凸模，一次冲出弯边。

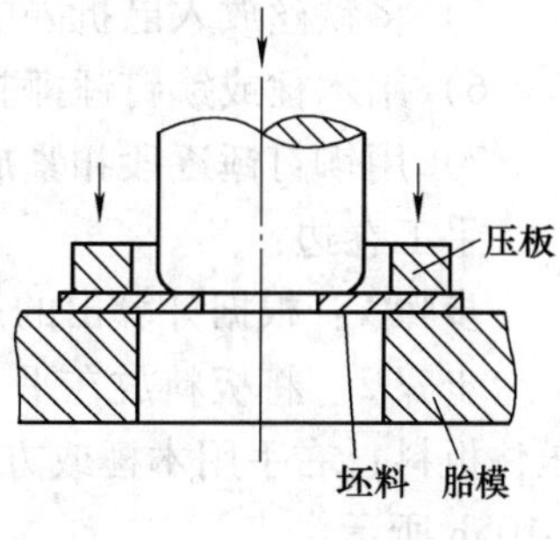

图 7-101 胎型内拔缘

（4）拱曲 把较薄的金属板料捶击成凹面形状的零件，称为拱曲。操作时需用带凹坑的座，如图 7-102 所示，将板料对准座上的凹坑放置，左手持板料，右手捶击。

（5）卷边 卷边是将板件的边缘卷起来，其目的是增强边缘的刚度和强度。卷边分为夹丝卷边和空心卷边两种，如图 7-103 所示。

卷边的操作过程以图 7-104 为例说明如下：

1）将板料剪切成所需尺寸。

2）沿边量出 2.5 倍铁丝直径距离并划线。

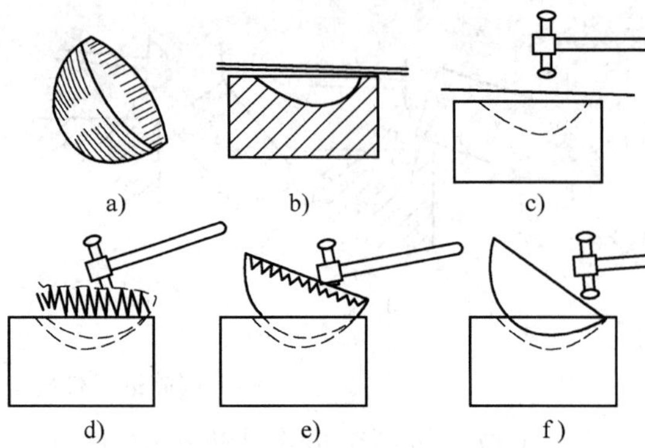

图 7-102　半球形拱曲过程

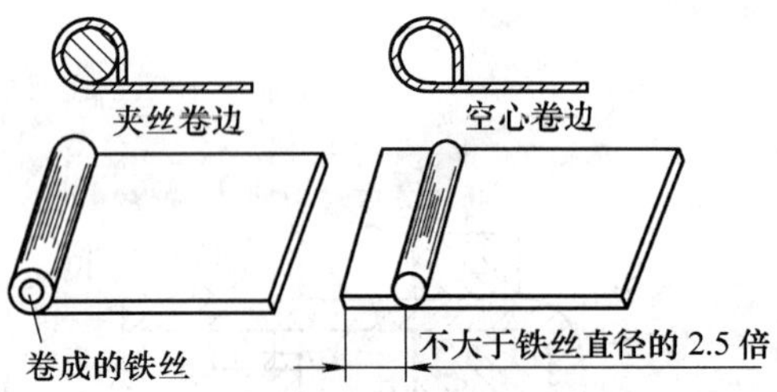

图 7-103　卷边

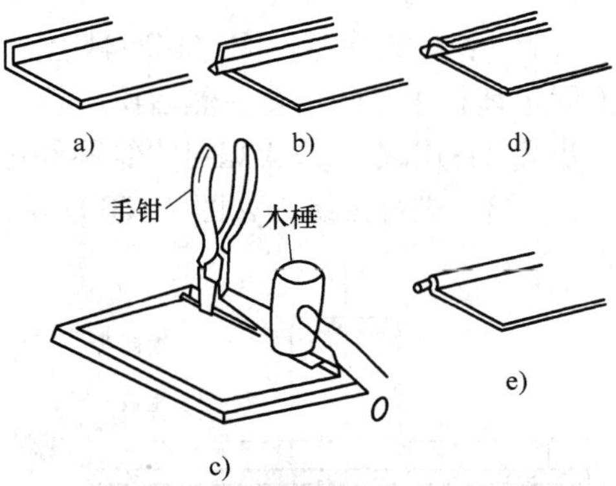

图 7-104　卷边的操作过程

3）将板料按划线弯折成直角(图 7-104a)。

4）用钢丝钳剪一段适当长度的铁丝，用木棰在光滑平板上打直铁丝。

5）将铁丝放入已折妥的直角边内(图 7-104b)，并用手钳固定铁丝位置(图 7-104c)。

6）用木棰或铆钉锤捶打板缘包住铁丝(图 7-104d)。

7）用铆钉锤逐段扣紧成形(图 7-104e)。

手工卷边：

步骤 1：根据计算出的加工余量，在板料上划出两条卷边线，如图 7-105a 所示。

步骤 2：将板料放在平台(或方铁、轨道等)上，使其 L_2 尺寸长度的 1/3 露出平台，左手压住板料，右手用木棰或方木敲击露出平台部分的边缘，使其向下弯曲成 85°～90°，如图 7-105b 所示。

步骤 3：再将板料向平台外伸弯曲，直至平台边缘对准第二次卷边线为止，即使露出平台部分等于 L_1，并使第一次敲打的边缘靠上平台，如图 7-105c、d 所示。

步骤 4：将板料翻转，使卷边朝上，轻而均匀地敲打卷边向里扣，使卷曲部分逐渐成圆弧形，如图 7-105e 所示。

步骤 5：将铁丝放入卷边内，放时先从一端开始，以防铁丝弹出，先将一端扣好，然后放一段扣一段，全部扣完后，轻轻敲打，使卷边紧靠铁丝，如图 7-105f 所示。

步骤 6：翻转板料，将接口靠住平台的边角，使接口咬紧，如图 7-105g 所示。

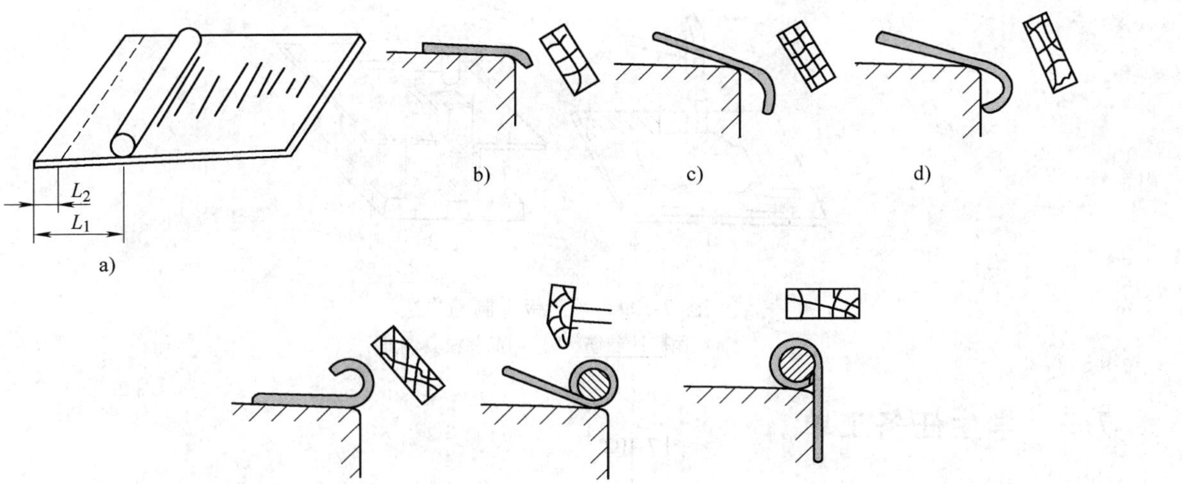

图 7-105　手工卷边操作过程

a）划出卷边线　b）敲打边缘　c）外伸弯曲　d）边缘靠上平台　e）做成圆弧形

f）卷边紧靠铁丝　g）咬紧接口

步骤 7：手工空心卷边的操作过程与夹丝的一样，只是使卷边与铁丝不要靠得太紧，以便最后把铁丝抽拉出来。

（6）咬缝　常见咬缝的种类，就结构不同可分为挂扣、单扣、双扣；以形式不同分为站扣和卧扣，如图 7-106 和图 7-107 所示。

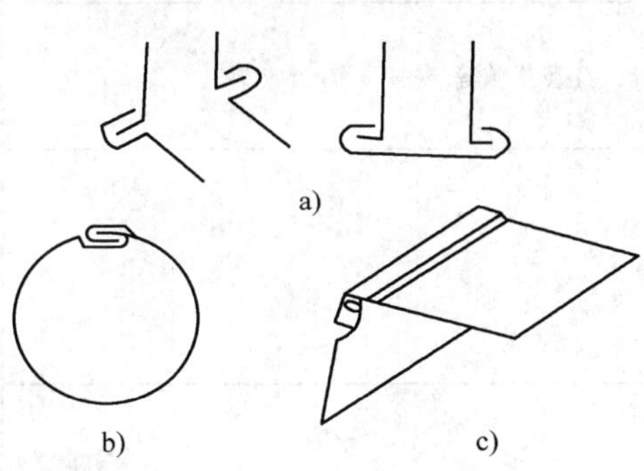

图 7-106　咬缝的种类(一)

a）立式管接单扣　b）圆管卧式单扣

c）角式复合扣

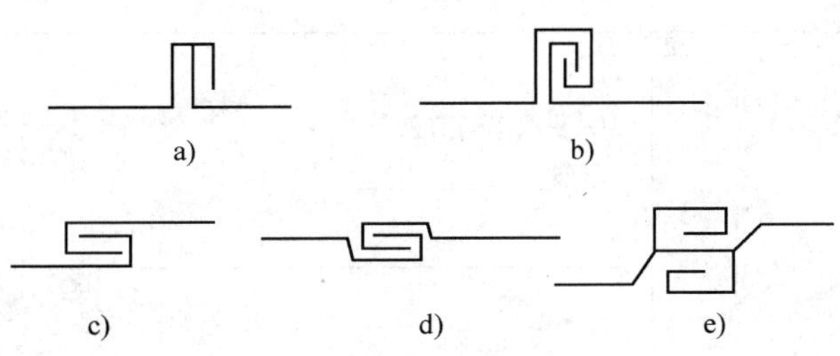

图 7-107　咬缝的种类(二)

a）站扣(半咬)　b）站扣(双扣)　c）卧扣(单咬)

d）卧扣(咬缝)　e）卧扣(双扣)

（7）制筋　在钣金件表面上制出各种凸筋，可以提高其刚度和使用性能，增加美感。筋的横截面一般为圆弧形和角形，如图 7-108 所示。

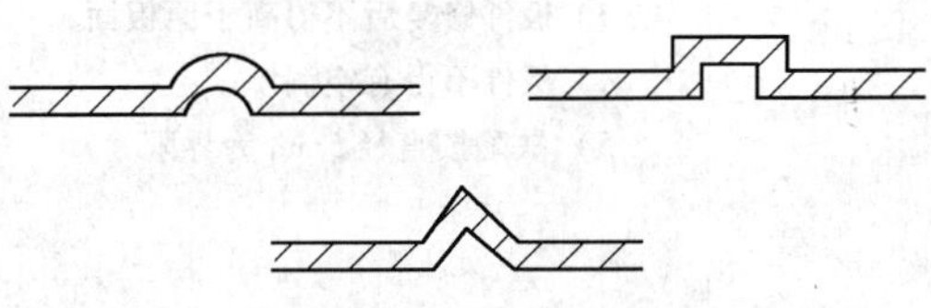

图 7-108　筋的横截面形状

简易的手工钣金制筋方法有两种，如图 7-109 所示。

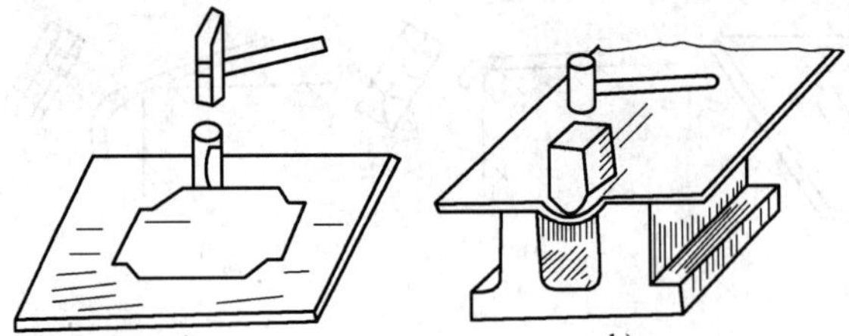

a)　　b)

图 7-109　手工钣金制筋方法

a）用扁冲制筋　b）用简易模具制筋

7.3　学生任务工单

姓名		学号		班级		组别	
任务名称	门板外形修复项目						
能力目标	1. 能掌握正确安全操作规程，树立安全操作意识 2. 能正确使用工具进行打磨清除凹陷部位漆层 3. 学会调整外形修复机，确定合适的焊接参数，对凹陷部位进行焊接拉伸，钣金锤进行修复						
设备、工具准备	防护用品、维修手册、外形修复机、电焊机、拉拔器、打磨器械等						
信息获取	1. 获取车辆信息 车型________________						
	2. 根据维修手册获取门板修理技术标准值 1）打磨涂层羽状边距离损伤部位大于 80mm 2）修复后裸金属板件高度应低于板件 1mm 3）板件修复后不得高于原板面 4）板件不得有空洞 5）缺陷按直径 5mm 为界限						

	序号	考 核 内 容	配分	评 分 标 准	考核记录	扣分	得分
项目（满分 100 分） 考核时间 30min	01	个人防护用品使用情况	5	未穿戴护目镜、口罩、手套、工作帽、安全鞋，一项扣 1 分，扣完为止			
	02	外形修复机设备调整	6	A、电流　B、焊接时间（一项超出范围扣 3 分）			
	03	裸金属边缘距离凹陷	20	裸金属边缘距离凹陷区域≥80mm，一处超差扣 4 分（连续超差长度大于 5mm 为一处），扣完为止。(20 分)			
	04	修复部位形状评分	60	A、修复部位形状低于板面高度 1mm 一处扣 5 分（直径≤5mm 为一处，≤10mm 为 2 处，≤15mm 为 3 处，以此类推）。 （有______处超标，应扣______分） B、修复部位形状高于板面高度一处扣 8 分（直径≤5mm 为一处，≤10mm 为 2 处，≤15mm 为 3 处，以此类推）。 （有______处超标，应扣______分） C、修复部位出现孔洞一处扣 10 分（直径≤5mm 为一处，≤10mm 为 2 处，≤15mm 为 3 处，>15mm 修复部位形状评分不得分） （有______处超标，应扣______分）			
	05	工具使用	4	操作中工具掉落一次扣 1 分，扣完为止			
	06	清理现场	5	在操作 40min 内要把工具摆放到指定位置，摆放整齐（在比赛 15min 内，一件工具未摆放原处或未摆放整齐扣 1 分，扣完为止；40min 内未完成作业的，不得分）			
实际分数							

学生姓名________　　班级________　　老师________

______年______月______日

学习情境8 焊　接

学习目标：

通过本学习情境的学习，你应能够：

1）能对手工电弧焊进行正确的操作，操作姿势正确，并能达到一定的熟练程度。

2）能对气焊进行正确的操作，操作姿势正确，并能达到一定的熟练程度。

3）知道其他几种常见的焊接方法。

4）做到安全和文明操作。

情境描述：

维修业务接待员接待一个客户，要求维修一车身撞击后的车辆，需要钣金和焊接修复，售后服务经理递交给你一份任务，要求对该车的前保险杠、翼子板、车门等处进行检修，他要求你对每一个工作步骤做出过程计划和信息采集，并完成检修工作。

想一想：

为了完成情境中描述的任务，你需要学习哪些焊接知识相关知识？需要哪些操作工艺技巧？如何制定一份切实可行的实施计划？

相关知识：

8.1 焊接学习准备

焊接是一种重要的连接方法(图8-1)，其本质是在被连接工件的接头处，利用局部加热、加压或既加热又加压，促使原子间互相扩散结合，从而形成不可拆卸的整体的一种加工方法。焊接不仅可以连接金属材料，也可以连接塑料、陶瓷等非金属材料。焊接有很多类型，但是最常见的是手工电弧焊和气焊。

焊接技术的应用几乎涉及所有的工业部门，现在焊接已经成为金属结构生产的主要加工方法之一。它具有很多的优点：

1）可以连接钣金件、锻件等。

2）焊缝具有良好的机械性能。

3）采用焊接方法制造金属结构，一般比铆接节省金属材料10%~20%，而且焊接加工快，工时少，生产周期短。

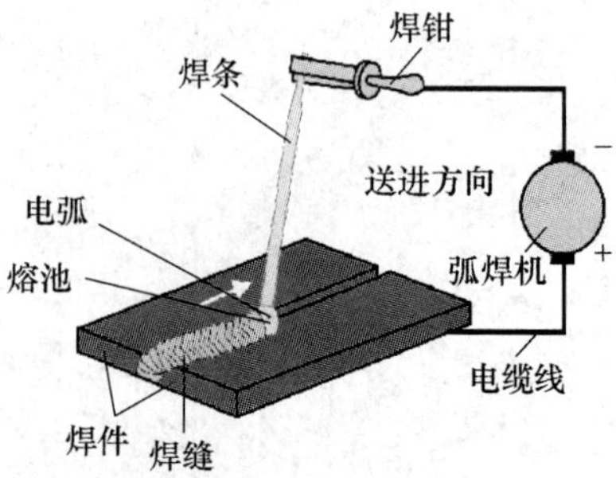

图8-1　焊接方法

但是，焊接也存在一定的缺点，如焊后工件易产生变形、裂纹等缺陷，还有相当一部分金属的焊接性差，有的焊接工艺较为复杂。

1. 焊条电弧焊与电弧切割设备的基本结构和工作原理

焊条电弧焊所用焊机按电源的种类可分为交流弧焊机和直流弧焊机两大类。其中直流弧焊机按变流的方式不同又分为弧焊整流器、逆变弧焊机和旋转式直流弧焊发电机（现已淘汰）等。每一类型的焊机根据原理和结构特点又可分为多种形式，具体如图 8-2 所示。

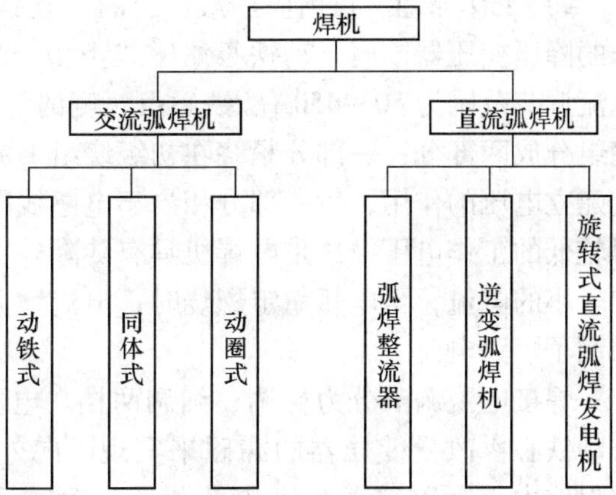

图 8-2　焊机分类

（1）交流弧焊机

1）结构。交流弧焊机的三个类别的结构分别如图 8-3、图 8-4 和图 8-5 所示。

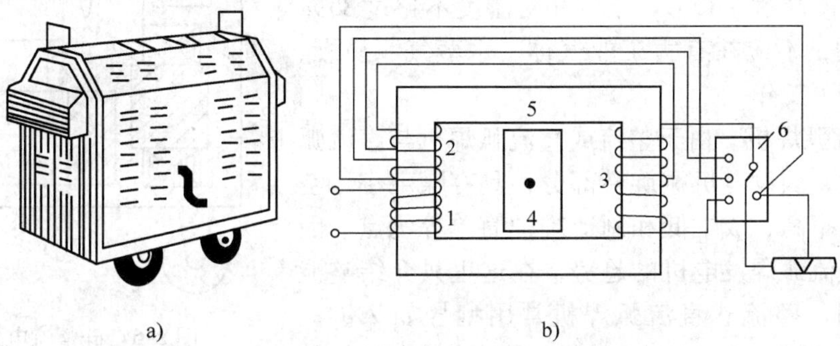

图 8-3　BX1—330 交流弧焊机

a）外形图　b）线路图

1—初级绕组　2、3—次级绕组　4—动铁心　5—静铁心　6—接线板

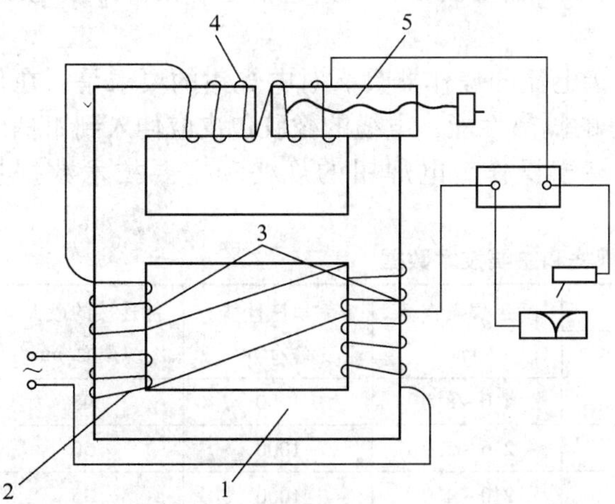

图 8-4　BX2—500 型（同体式）焊机结构示意图

1—静铁心　2—初级绕组　3—次级绕组

4—电抗线圈　5—动铁心

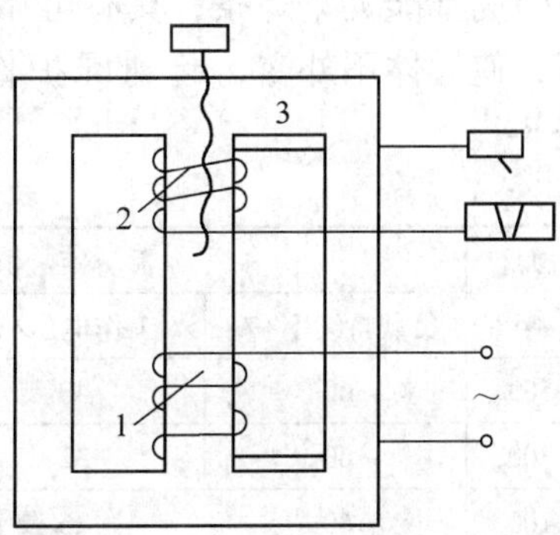

图 8-5　BX3—300 型（动圈式）焊机结构示意图

1—初级线圈　2—次级线圈　3—铁心

2）工作原理。目前应用最广泛的“动铁式”交流焊机如图8-3所示。它是一个结构特殊的降压变压器，属于动铁心漏磁式类型。焊机的空载电压为60～70V。工作电压为30V，电流调节范围为50～450A。铁心由两侧的静铁心5和中间的动铁心4组成，变压器的次级绕组分成两部分：一部分紧绕在初级绕组1的外部；另一部分绕在铁心的另一侧。前一部分起建立电压的作用，后一部分相当于电感线圈。焊接时，电感线圈的感抗电压降使电焊机获得较低的工作电压，这是电焊机具有陡降外特性的原因。引弧时，电焊机能供给较高的电压和较小的电流，当电弧稳定燃烧时，电流增大，而电压急剧降低；当焊条与工件短路时，也限制了短路电流。

焊接电流调节分为粗调、细调两档。电流的细调靠移动铁心4改变变压器的漏磁来实现。向外移动铁心，磁阻增大，漏磁减小，则电流增大，反之，则电流减少。电流的粗调靠改变次级绕组的匝数来实现。

该电弧焊机的工作条件为应在海拔不超过1000m，周围空气温度不超过+40℃、空气相对湿度不超过85%等条件下使用，不应在有害工业气体、水蒸气、易燃、多灰尘的场合下工作。

（2）直流弧焊机　由于整流或直流弧焊机与直流弧焊发电机比较，因没有机械旋转部分，具有噪声小，空载损耗小、效率高、成本低和制造维护简单等优点。因此，有取代直流弧焊发电机的趋势，在这里只介绍整流式直流弧焊机。整流式直流弧焊机常用型号如ZXG—300、ZXG—400等。硅整流电弧焊机是利用硅半导体整流元件(二极管)将交流电变为直流电作为焊接电源。图8-6为硅整流电弧焊机的结构示意图。

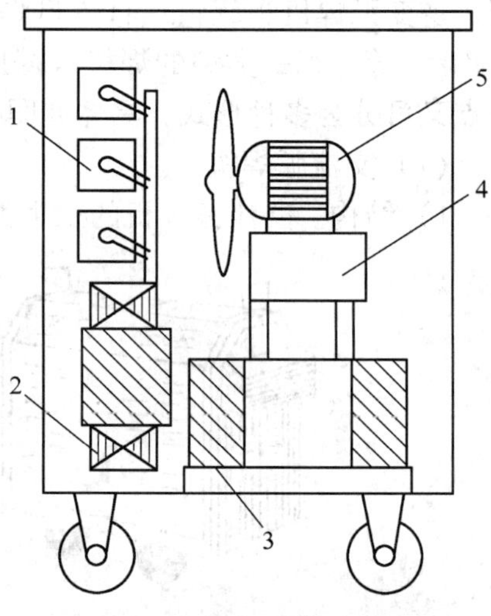

图8-6　硅整流电弧焊机
1—硅整流器组　2—三相变压器
3—三相磁饱和电抗器
4—输出电抗器　5—通风机组

（3）焊条电弧焊辅助设备和工具　焊条电弧焊辅助设备和工具包括电焊钳、焊接电缆、面罩及其他防护用具。

1）电焊钳。电焊钳是夹持焊条并传导焊接电流的操作器具。对电焊钳的要求是：在任何斜度都能夹紧焊条；具有可靠的绝缘和良好的隔热性能；电缆的橡胶包皮应伸入到钳柄内部，使导体不外露，起到屏护作用；轻便、易于操作。电焊钳的规格和主要技术数据见表8-1。

表8-1　电焊钳的规格和主要技术数据

规格/A	额定值			适用焊条直径/mm	耐电压性能/V/min	能连接的最大电缆截面/mm²
	负载持续率/%	工作电压/V	工作电流/A			
500	60	40	500	4.0～8.0	1000	95
300	60	32	300	2.5～5.9	1000	50
100	60	26	160	2.0～4.0	1000	35

2）焊接电缆。焊条电弧焊在工作中除焊接设备外，还必须有焊接电缆。焊接电缆应采用橡皮绝缘多股软电缆，根据焊机的容量，选取适当的电缆截面，选取时可参考表8-2。如

果焊机距焊接工作点较远，需要较长电缆时，应当加大电缆截面积使在焊接电缆上的电压降不超过4V，以保证引弧容易及电弧燃烧稳定。不允许用扁铁搭接或其他办法来代替连接焊接的电缆，以免因接触不良而使回路上的压降过大，造成引弧困难和焊接电弧的不稳定。

表8-2　焊接电缆选用表

最大焊接电流/A	200	300	450	600
焊接电缆截面积/mm^2	25	50	70	95

焊机和焊接手柄与焊接电缆的接头必须拧紧，表面应保持清洁，以保证其良好的导电性能。不良的接触会损耗电能，还会导致焊机过热将接线板烧毁或使电焊钳过热而无法工作。

3）面罩及其他防护用具。面罩的主要作用是保护电焊工的眼睛和面部不受电弧光的辐射和灼伤，面罩分手持式和头盔式两种。面罩上的护目玻璃起到减弱电弧光并过滤红外线、紫外线的作用。护目玻璃有不同色号、目前以黑绿色的为多，应根据电焊工的年龄和视力情况尽量选择颜色较深的护目玻璃以保护视力。护目玻璃外还加有相同尺寸的一般玻璃，以防金属飞溅沾污护目玻璃。焊工用护目遮光镜片的选用可按表11-8进行。

其他防护用品有电焊工在工作时需佩带的专用电焊手套和护脚，以及清渣时应戴的平光眼镜。

（4）交流弧焊机与直流弧焊机的比较　交流弧焊机的主要优点是成本低、制造维护简单，噪声较小；缺点是不能适应碱性焊条，且焊接电压、电流容易受到电网波动的干扰。直流弧焊机的优点是电弧稳定，焊条适应性强；缺点是成本较高，制造维修较复杂，重量较重。但由于优点明显，直流弧焊机是大有前途的电焊机。表8-3列出了两类焊机的性能比较。

表8-3　两类焊机的性能比较

项　目	直流弧焊机	交流弧焊机	项　目	直流弧焊机	交流弧焊机
电弧稳定性	高	低	触电危险性	较小	较大
极性可换性	有	无	功率因数	较高	较低
构造与维修	稍复杂	简单	耗能指数	小	较大
工作时噪声	很少	较小	成本	较高	低
供电方式	一般为三相供电	一般为单相供电	重量	较轻	轻

2. 金属材料的焊接方法

根据焊接过程的特点，焊接方法可以分以下三大类：

（1）熔化焊　这类焊接方法的特点是采用局部加热的方法，将被连接金属的结合处加热到熔化状并形成共同的熔池，一般都加入填充金属，冷凝后彼此结合在一起的焊接方法。

（2）压力焊　这类焊接方法的共同特点是不论加热与否都施加一定的压力，使两个连接的结合面紧密的结合在一起，以获得牢固接头的焊接方法。

（3）钎焊　这类焊接方法的共同特点是在焊接时焊件不熔化，而只是适当的加热，将熔化的钎料填充到焊件之间，凝固后便将焊件连接起来，必要时需加熔剂。

焊接各部位名称见图8-7。

3. 手工电弧焊接工艺

（1）手工电弧焊概念及应用　手工电弧焊简称手弧焊，是利用电弧产生热量来熔化被焊金属的一种手工操作的焊接方法，其采用手工操作进行引弧到形成焊接的过程，是焊接最基本的操作工艺。

（2）手工电弧焊接工艺规范及安全特点

1）手工电弧焊接工艺规范。手工电弧焊接工艺规范（焊接规范）主要包括焊条直径、焊接电流（$I=(35\sim55)$ b，立焊电流比平焊减小15%～20%，仰焊比平焊减少电弧长度及焊接速度等。

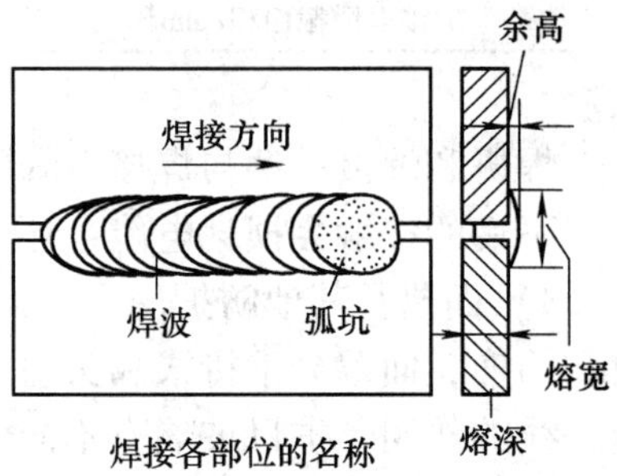

图 8-7　焊接各部位名称

2）焊接缺陷及防止方法。在焊接过程中，由于各种原因常常造成焊缝出现缺陷，这些缺陷按所处的位置可分为外部缺陷和内部缺陷两种。

外部缺陷位于焊缝表面，用肉眼或低倍放大镜可看到。

内部缺陷位于焊缝内部。

3）手工电弧焊的安全特点如下：

a. 由触电造成的电击伤害。

b. 烟尘及有毒气体中毒。

c. 电焊弧光造成眼睛和皮肤的疾病。

d. 爆炸、火灾和其他伤害。

（3）手工电弧焊引弧方法

手工电弧焊是采用低电压、大电流放电产生电弧。手工电弧焊可采用两种方法来引燃电弧（图 8-8）。

1）擦划引弧法。这种引弧方法与擦火柴有些相似，将焊条在焊件上划动一下，即可引燃电弧。当电弧发生后，趁金属还没有开始大量熔化的一瞬间，迅速将焊条轻轻提起和工件保持1～3mm距离，使弧长维持到所需长度。

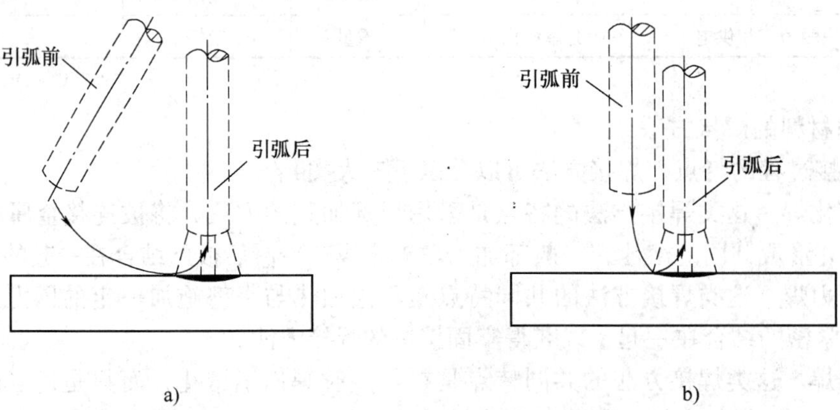

图 8-8　引弧方法

a）擦划引弧法　b）敲击引弧法

2）敲击引弧法。焊条在焊件表面敲击接角后，便迅速缩回并保持一定的距离(1～3mm)，电弧即产生。此法方便，在用于各种位置特别是窄小位置焊接时更具适用性。

（4）运条方法　为了确保焊缝质量，选用正确的运条方法对于初学者来说，尤其应该注意，运条的基本动作见图8-9。

1）焊条三个基本方向的运动。当电弧引燃后，在焊接过程中为了得到良好的焊缝，焊条必须要有三个基本方向的运动：焊条朝着熔池方向逐渐下降；焊条沿焊接方向前移；作横向摆动。

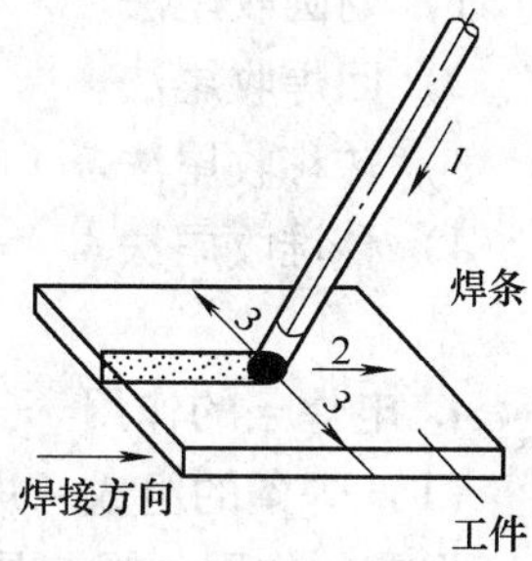

图8-9　运条的基本动作

1—向下送进

2—沿焊接方向移动

3—横向摆动

2）常用的运条方法及应用范围。运条方法很多，应根据接头的形式和间隙、焊缝的空间位置、焊条直径与性能、焊接电流及焊工的技术水平等方面来选用合适的运条方法。常用的运条方法有如下几种(图8-10)：

① 直线形运条法要求焊接时保持一定的弧长，并沿焊接主向做直线前进。

② 直线往复运条法具有焊接速度快、焊缝窄和散热快的特点，所以多用于薄板焊接和接头间隙较大的焊缝。

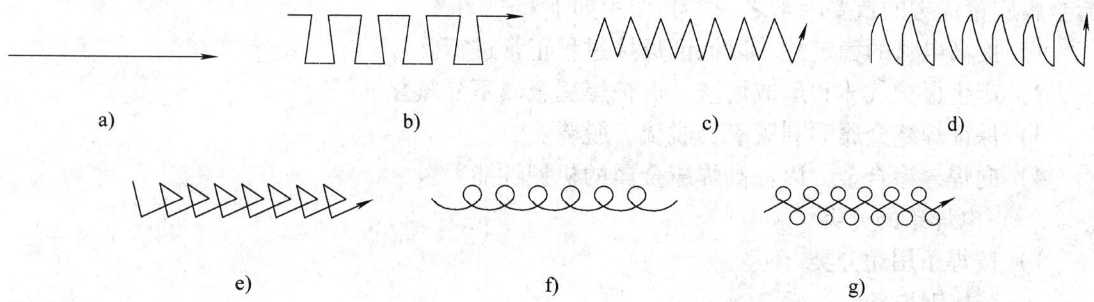

图8-10　运条方法

a）直线形运条法　b）直线往复运条法　c）锯齿形运条法　d）月牙形运条法　e）三角形运条法　f）圆圈形运条法　g）八字形运条法

③ 锯齿形运条法操作容易，在实际中应用较广，多用于较厚钢板的焊接、平焊及仰焊的对接接头、立焊的对接和填角焊接头。

④ 月牙形运条法要求焊条末端焊接方向做月牙形的左右摆动。此方法应用范围和锯齿形运条法基本相同，不过其焊出来的焊缝增高量较高，具有较长的保温时间、易使气体析出和熔渣浮到焊缝表面上来的优点。

⑤ 三角形运条法要求焊条末端做连续三角形运动并不断前移。此方法适用于坡口立焊和填角立焊。它的特点是一次能焊出较厚的焊缝断面，焊缝不易产生夹渣，有利于提高生产率。

⑥ 圆圈形运条法要求焊条末端连续做圆圈运动，并不断前进。此方法适用于平焊、仰脸焊位置的填角焊和横焊。它主要能控制熔滴金属不下淌，有助于焊缝成形。

⑦ 八字形运条法要求焊条末端连续作八字形运动，并不断前移。此方法的特点是使两个被焊件边缘充分加热，使之熔化均匀，保证焊透，适用于厚板有坡口的对接焊缝。

（5）手弧焊的收弧工艺　焊缝结束时应当拉断电弧，称为收弧。如果收弧时立即拉断电弧则易产生弧坑，引起裂纹及气孔等缺陷，因此，要应用合理的收弧。常用的收弧方法有四种：

1）划圆收尾法。

2）回焊收尾法。

3）转移收尾法。

4）叠堆收尾法。

4. 电焊条的作用

（1）焊条的组成　焊条由焊芯和药皮两部分组成。

焊芯的作用　焊芯是具有一定长度和直径的焊接专用金属丝。它的作用如下：

① 用作电极，起传导焊接电柱的作用。

② 起填充金属的作用。

③ 维持电弧稳定燃烧。

（2）药皮的作用　药皮的组成比较复杂，其组成物按作用分有稳弧剂、造气剂、造渣剂、脱氧剂，合金剂及粘结剂等。焊条的药皮在焊接过程中起着极其重要的作用，是决定焊缝金属质量优劣的重要因素之一，其作用如下：

1）提高电弧的稳定性，以保证焊接过程正常进行。

2）产生保护气体和形成熔渣，保护焊缝金属不易氧化。

3）保证焊缝金属顺利脱氧、脱硫、脱磷。

4）向焊缝渗合金，以提高焊缝金属的机械性能。

（3）电焊条的分类

1）按焊条用途分类

① 结构钢焊条。

② 钼和铬钼耐热钢焊条。

③ 不锈钢焊条。

④ 堆焊焊条。

⑤ 低温钢焊条。

⑥ 铸铁焊条。

⑦ 镍及镍合金焊条。

⑧ 铜及铜合金焊条。

⑨ 铝及铝合金焊条。

⑩ 特殊用途焊条。

2）按焊条药皮类型分类

① 氧化钛型。

② 氧化钛钙型。

③ 钛铁矿型。

④ 氧化铁型。

⑤ 纤维素型。

⑥ 低氢型。

⑦ 石墨型。

⑧ 盐基型（直流电源）。

3）焊条牌号中汉字（或拼音字母）及数字的意义。

如：结 422（J422）

结（J）表示结构钢焊条，前两位数字 42 表示焊缝金属抗拉强度不低于 $42N/mm^2$，后面的数字 2 表示氧化钛钙型药皮，交、直流电源两用。若第一个字母不是“J”，而是“A”、“Z”或“D”等，则“A”表示奥氏体不锈钢焊条，“Z”表示铸铁焊条，“D”表示堆焊焊条。

4）选择电焊条的原则。在生产中，可根据下述原则选择焊条：

① 考虑焊接件的机械性能和化学成分。

② 考虑焊接件的工作条件及使用要求。

③ 考虑焊接件几何形状的复杂程度及钢板的厚度。

④ 考虑现场的设备及工艺条件。

⑤ 考虑改善工人的劳动条件、生产率和经济性等。

在保证质量的情况下，尽量使用普通焊条。

5. 焊接的空间位置和焊接接头

（1）焊接的空间位置　焊接按不同的空间位置，可分为平焊、立焊、横焊、仰焊四种（图 8-11）。

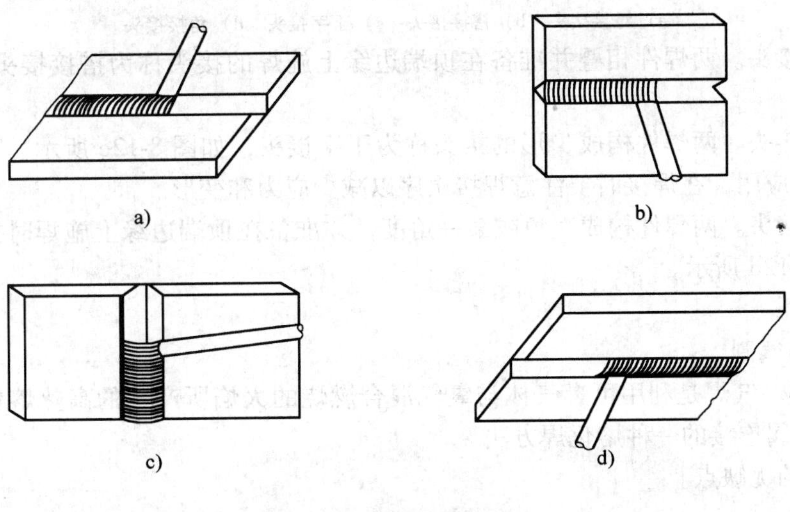

图 8-11　焊接空间位置

a）平焊　b）横焊　c）立焊　d）仰焊

1）平焊。焊条位于工件之上，焊工俯视工件所进行的焊接称做平焊。

2）横焊。在工件的立面或倾斜面上横方向进行的焊接称做横焊。横焊比平焊困难，施焊时应根据焊件的厚度选择焊条直径及焊条的角度位置。

3）立焊。在工件的立面或倾斜面上进行纵方向的焊接称做立焊。立焊比平面更难掌握，因为焊接熔池处在垂直面上，熔池中的液体金属因自身重量有流出熔池的趋势，容易形成焊瘤。

4）仰焊。焊接时焊条位于工件下方，焊工仰视工件进行的焊接称做仰焊。仰焊是焊接中最困难的一种。因为在焊接时，焊接溶池向下，焊条与基本金属熔化后金属液体因自重下流，容易形成根部未焊透、溶缝夹渣等缺陷。

（2）焊接结构　生产中焊接接头形式应用较多的有以下四种：

1）对接接头。两焊件的对口平整，且保留一定的间隙对接焊称为对接接头，如图8-12a所示。对接接头是焊接结构中最常见的接头形式，因为焊接受力比较均匀，结构理想，检验方便。

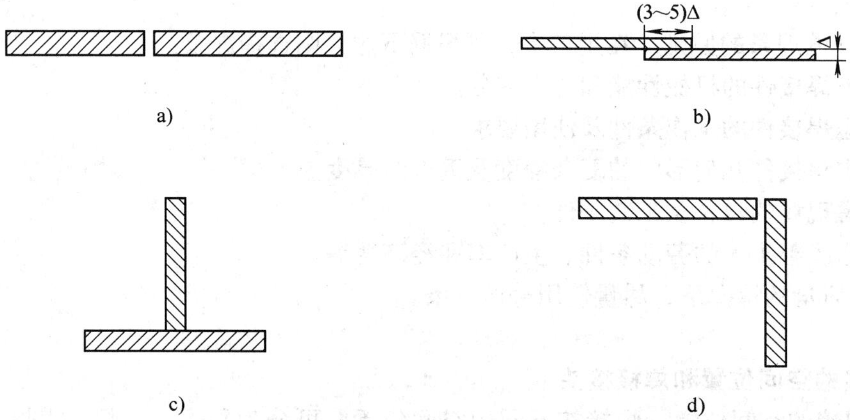

图8-12　焊接接头形式

a）对接接头　b）搭接接头　c）丁字接头　d）角接接头

2）搭接接头。两焊件相叠并准备在顶端边缘上施焊的接头称为搭接接头，如图8-12b所示。

3）丁字接头。两焊件构成T形的接头称为丁字接头，如图8-12c所示。丁字接头在钢结构中被广泛应用，在焊接时要注意焊接次序以减少应力和变形。

4）角接接头。两焊件构成直角或某一角度，并准备在顶端边缘上施焊时接头称为角接接头，如图8-12d所示。

6. 气焊与气割

（1）气焊　气焊是利用可燃气体与氧气混合燃烧的火焰所产生的高热熔化焊件和焊组织上而进行金属连接的一种熔化焊方法。

1）气焊的优缺点。

① 优点：

a. 可以焊接很薄的工件。

b. 焊接铸铁，有色金属时，焊缝质量很好。

c. 在电力不足的地方需要焊接时，气焊可发挥更大的作用。

② 缺点：

a. 生产效率低。

b. 焊后变形大，热影响区大。

c. 设备复杂，占用生产面积大。

d. 技术较难掌握，不易实现自动化。

e. 不适于焊厚的工件。

2）气焊设备及连接图(图8-13)。

① 气焊时应用的设备和器具。

设备：氧气瓶，乙炔瓶，乙炔发生器及回火防止器。

器具：焊炬，减压器，胶管等。

② 减压器的作用。

a. 显压。显示瓶内气体及减压后气体的压力。

b. 减压。将气体从高压降低到工作压力。

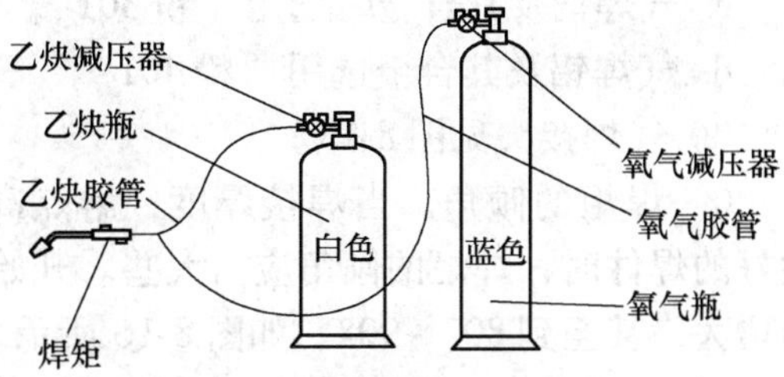

图8-13 气焊设备及连接图

c. 稳压。不论高压气体压力及焊炬耗气量如何变化都能保持工作压力基本稳定不变。

3）常用的气体及氧-乙炔焰。

① 气焊中常用的气体。气焊所用的气体中，一种是可燃气体，如甲烷、液化石油气、氢气天然气、乙炔等，另一种是助燃气体，如氧气。由于乙炔和氧气燃烧时产生的温度最高(3500℃)，所以，氧-乙炔焰在气焊中应用最广。

② 氧-乙炔焰。在气焊操作时，调节焊炬的氧气阀和乙炔阀，可以改变氧和乙炔的比例而得到三种不同性质的火焰(图8-14)。

a. 碳化焰。在混合室内氧气和乙炔的比值(O_2/C_2H_2)小于1时喷出具有富碳区的火焰为碳化焰。

这种火焰明显的分为焰心、内焰和外焰三部分，火焰温度最高达2700~3000℃。

b. 中性焰。氧气与乙炔的比值为1~1.2时，焰心中没有过量的自由气及自由碳存在的火焰称为中性焰。中性焰的焰心色白明亮，轮廓清楚微微可见和外焰没有明显的界限，只从颜色上可以略加区别。它的最高温度可达3100~3200℃。

c. 氧化焰。当氧气与乙炔的比值大于1.2时，火焰焰心周围没有过量的自由氧的火焰称为氧化焰。此种火焰由焰心和外焰两部分组成，氧化焰中氧含量较高，燃烧比中性焰强烈，温度最高可达3500℃。

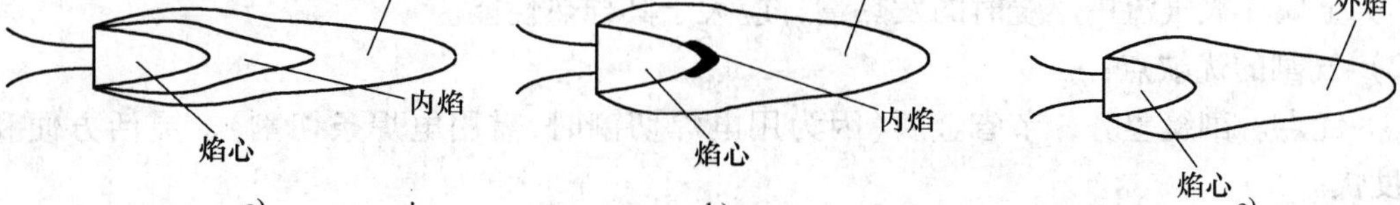

图8-14 氧-乙炔焰

a）碳化焰 b）中性焰 c）氧化焰

4）气焊工艺

① 焊丝与焊粉的选择。

焊丝的选择原则与电弧焊基本相同，其直径与焊件应大致相适应。

焊粉的主要作用是保护熔池金属，去除焊接过程中产生的氧化物，改善焊缝性能，气焊低碳钢时可不用焊粉。

a. 气焊不锈钢和耐热钢时选用“粉 101”。

b. 气焊铸铁时选用“粉 201”。

c. 气焊铜及其合金时选用“粉 301”。

d. 气焊铝及其合金选用“粉 401”。

② 气焊接头见图 8-15。

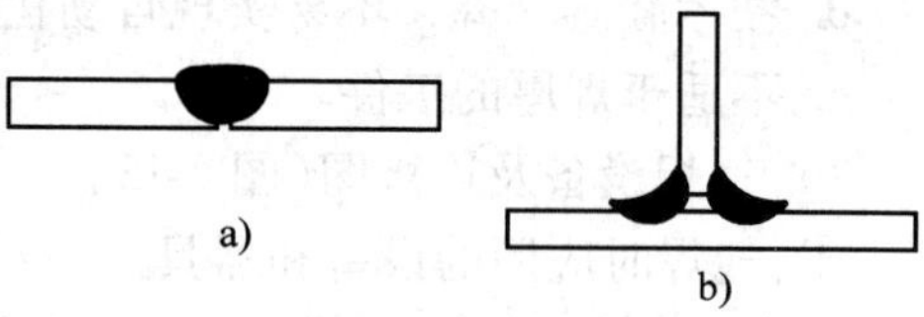

图 8-15 气焊接头

a) 对接 b) 丁字接(T 形接)

③ 焊炬的倾角。当焊接厚度，熔点高，导热性好的焊件时，焊炬的倾角应当大些。开始焊接时，为了迅速地形成熔池，可以将焊炬的倾角增大，甚至到 80°～90°。如图 8-16 所示。

④ 气焊方法。焊前应预热焊缝旁的金属。焊接必须在内焰中进行，一般焰心应当距离金属表面 2～3mm。焊接时可用左向或右向焊接法，如图 8-17 所示。

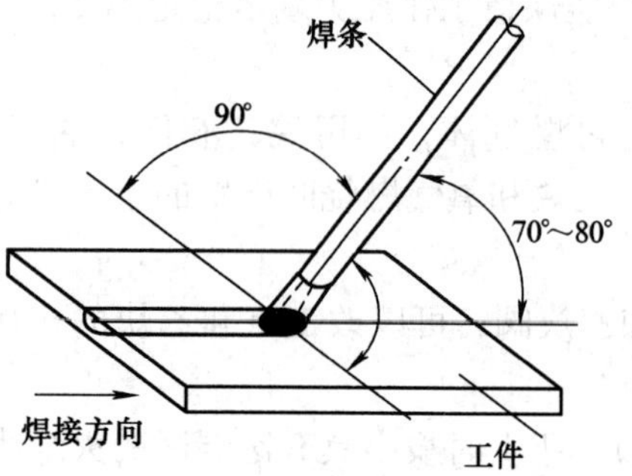

图 8-16 焊炬的倾角

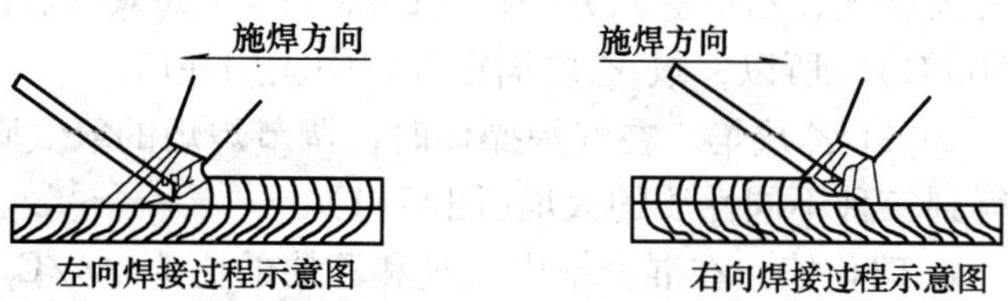

图 8-17 气焊方法

（2）气割 利用气体火焰将金属预热到燃点，然后开放切割氧，使金属迅速燃烧成溶渣，并从切口将熔渣吹掉，而且使金属分离的过程称为气割。

1）气割的条件：

① 金属在氧气流中猛烈氧化的燃点温度应低于熔点。

② 金属氧化物的熔点，应低于金属本身的熔点。

③ 生成的金属氧化物应易于流动。

④ 金属在氧气流中能够剧烈地燃烧，并放出足够的热量。

⑤ 金属在氧气流中燃烧时的发热量，应大于其导热性能。

2）气割的优缺点：

① 优点。割缝整齐，节省金属(因为用电焊切割时,需用电焊条切割)、灵活方便和加工速度快。

② 缺点。割缝附近金属成分发生变化，某些金属元素被烧损了，这一区域的金属硬度提高，晶粒组织变粗，切割后的工件稍有变形。

8.2 实践训练

实训一：钢板对接平焊

步骤：

以钢板对接平焊进行练习，焊接结构、技术要求及工艺见表。钢板厚度15mm，每块钢板尺寸为400mm×200mm。

材料：Q235

尺寸：长400mm×宽200mm×厚15mm

生产实习件数：每组一件

技术要求：外观检查无明显变形和缺陷

钢板对接平焊工艺过程

操作步骤	工序名称	操 作 说 明
1	备料	用剪切或气割方法准备出两块平板
2	开坡口	用刨边机或气割方法加工出Y形坡口
3	焊前清理	用铜刷清除接头处杂物及铁锈
4	焊接装配	将钢板放平，对齐，接头处垫高2mm，并留2~3mm的间隙
5	焊件点焊	选择好焊接参数，在接头处点焊三处
6	整体焊接	先用直径为3.2mm的焊条焊第一层，以后用5mm的焊条进行焊接，直到焊平为止
7	清理检验	用小锤或钢刷清除焊件表面的熔渣及飞溅的金属；用眼睛或放大镜进行外观检查，若发现存在焊接缺陷，可进行补焊，若发现变形，应进行矫正

实训二：气割

材料：5mm以下、5~30mm、30mm以上钢板各一

尺寸：不限

生产实习件数：每组各一件

技术要求：

1）气割过程中保持割嘴与工件有合适的角度，割嘴在切割方向上与工件之间的夹角随工件厚度面变化；

2）割嘴离工件表面距离应始终使预热的焰心端部距工件3~5mm。

割嘴与工件夹角

钢 板 厚 度	割嘴与工件夹角
<5mm	割嘴向切割方向后倾20°~50°
5~30mm	90°，割嘴与工件垂直
≥30mm	开始朝与切割方向向前倾约5°~10°，结尾后也是倾约5°~10°，中间切割过程保持割嘴与工件垂直

8.3 学习评价

项目评价表

学习领域:	金工实训	学习情境:	焊接操作
项目:	钢板对接平焊，气割		
班级(成员):			
项目开始时间:		项目完成时间:	
评 分 内 容	标准 分值	学生自我评价 (40%)	学生之间互相 评价(60%)
资讯(5%)			
项目工作任务理解认知程度	5		
计划(15%)			
收集信息、准备工具、材料等情况	5		
制定工作计划及实施方案	5		
确定解决问题的方法、步骤的框架	5		
决策(10%)			
制定工作方案、计划是否合理(经济、安全、环保、质量)	3		
具体操作实施步骤	3		
项目分阶段实习单的设计	4		
实施(45%)			
工具操作的正确性及熟练程度	10		
操作步骤的正确性	10		
能否在规定时间内完成故障排除	10		
设备客户移交中成果展示准确性	10		
实习报告编写是否完整	5		
检查(15%)			
工作步骤是否按计划要求进行	3		
检测方法是否正常	3		
能否如实填写实习单	3		
焊接效果检查	3		
安全操作及文明生产	3		
评估(10%)			
本项目认为完成好的地方:	2		
本项目有待改进之处:	4		
改进方法:	4		
总分	100		
教师评语:			
学生签名(日期)		教师签名(日期)	

钳工实习操作练习册

学习情境1　钳工常用设备、量具的认识

相关知识：

想一想：

1）什么是钳工？他们的工作内容是什么？常用的设备有哪些？如何操作？

2）钳工在工作时，是如何控制加工量的？常用量具如何使用？

1. 钳工常用设备

认一认：

1）参观钳工实习车间，识认钳桌、砂轮机和钻床。

2）观察实验教师的操作示范。

练一练：

在实验教师的指导下完成如下操作内容：

（1）台虎钳操作与日常维护保养　台虎钳结构简单，是夹紧工件用的。通过对台虎钳进行折装，在实践中了解结构，熟悉各个手柄的作用。

转动手柄进行如下操作：

1）顺时针方向转动手柄，夹紧工件。

2）逆时针方向转动手柄，松开工件。

3）转动回转盘、固定回转盘。

并对台虎钳进行日常维护保养练习。

（2）砂轮机的操作与日常维护保养　了解砂轮机的结构，调整托架，使其与砂轮的距离不大于3mm，然后进行磨削练习，并进行更换砂轮和砂轮机的维护保养练习。

（3）台式钻床操作练习

1）了解台式钻床的结构，熟悉各个手柄的作用，并进行润滑练习。

2）主轴由高速到低速进行逐级变速练习。

3）练习手动进给，逐步掌握匀速进给。

4）工作台升、降及固定练习。

5）单项操作熟练后，可进行钻头的装夹及空转练习。

（4）立式钻床操作练习

1）了解立式钻床的结构，熟悉各个手柄的操作。

2）主轴变速练习。

3）手动进给变速练习。

4）机动进给变速练习。

5）钻头装夹，主轴空转和机动进给练习。

当立式钻床工作一段时间后，要对设备进行一次一级保养。保养内容及标准见有关设备保养要求。

2. 钳工常用量具

（1）游标卡尺

认一认：

1）识认通用游标卡尺、深度游标卡尺（图1）和高度游标卡尺（图2）。

2）注意观察实验教师关于各类游标卡尺的使用、操作和读数方法，以及在使用中的注意事项。

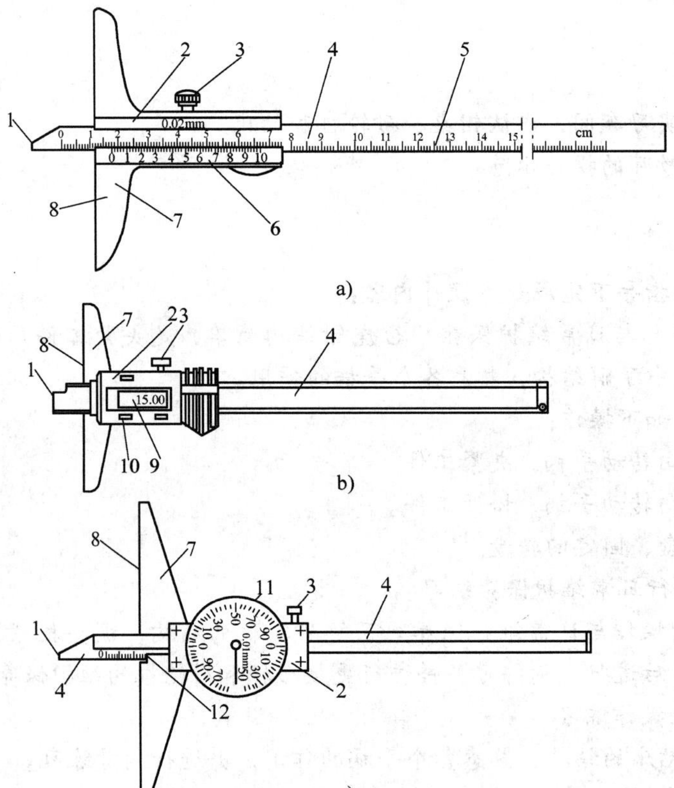

图1 深度游标卡尺

a）普通游标式 b）电子数显式 c）带表式

1—测量面 2—尺框 3—紧固螺钉 4—游标 5—主标尺

6—游标尺 7—基座（尺座） 8—基准面 9—数字显示器

10—功能按键 11—指示表 12—读数部位

练一练：

1）在实验教师的带领下，练习对各类游标卡尺的操作与读数。

2）在实验教师的带领下，对教具进行长度、深度、内径、外径和孔距等的测量，并记录读数。

3）在实验教师的带领下，将使用完毕的游标卡尺收好。

（2）千分尺

认一认：

1）在实验教师的带领下，识认各种千分尺及千分尺的各组成部分。

2）仔细观察实验教师关于千分尺的操作示范。

练一练：

1）在实验教师的指导下，练习千分尺的“0”位校对。

2）在实验教师的指导下，练习操作千分尺进行测量并读出测量数据。

3）在实验教师的指导下，练习千分尺的保管。

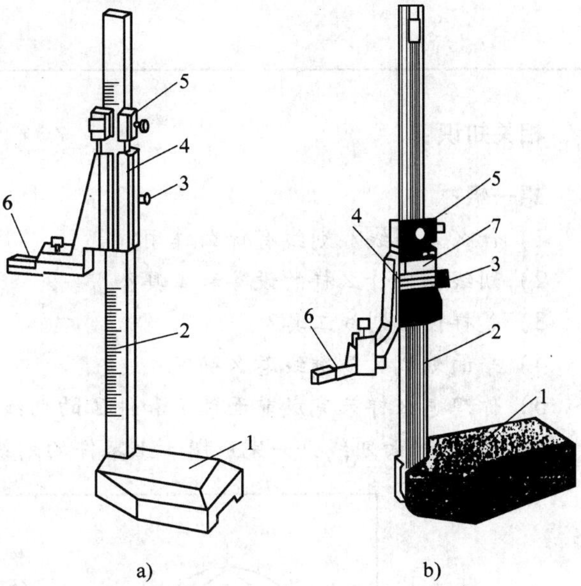

图2　高度游标卡尺

a）普通游标式　b）电子数显式

1—底座　2—尺身　3—紧固螺钉

4—尺框　5—微动装置　6—量爪　7—显示器

（3）百分表

认一认：

1）在实验教师的指导下，识认百分表及其结构。

2）观察实验教师对于百分表的操作，掌握要领。

练一练：

1）在实验教师指导下，练习百分表的“0”位校对。

2）在实验教师的带领下，进行绝对测量练习、相对测量练习以及内径的测量练习。

3）在实验教师的指导下进行百分表的安装、拆卸以及保养。

（4）塞尺

认一认：

1）在实验教师的带领下，识认塞尺，掌握它的组成。

2）在实验教师的带领下，掌握它的使用规则。

练一练：

在实验教师的指导下进行测量练习：

1）测量小间隙是否在规定范围内。

2）测量小间隙的实际尺寸。

学习情境2　立 体 划 线

相关知识：

想一想：

1）什么是划线？划线有什么作用？

2）划线需要什么样的设备和工具？

3）怎样使用划线工具？

4）平面划线时基准线怎么确定？

5）你想怎么样来完成前面件1和件2的划线工作？

作业一：平面划线——完成图3上零件的划线。材料：薄钢板　200mm×200mm×2mm

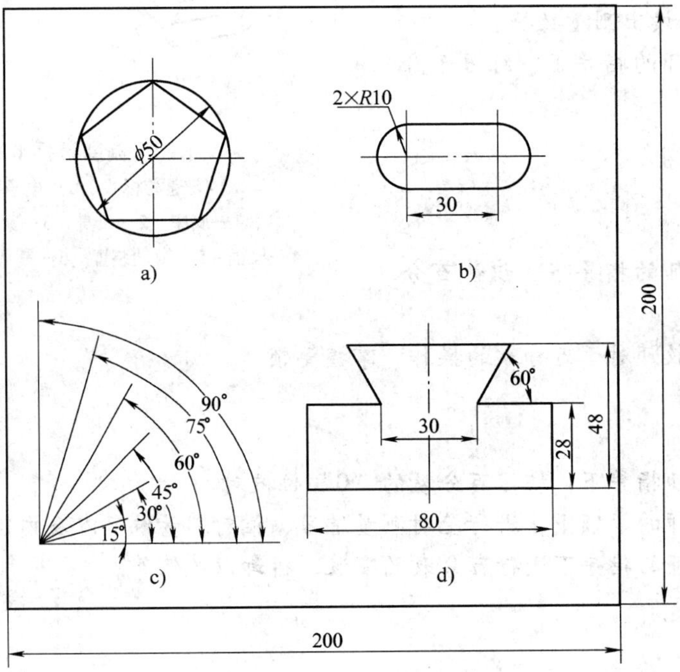

图3　平面划线件1

要求：

1）会使用平面划线工具。

2）会平面划线的基本操作。

作业二：立体划线。完成图4中的零件划线工作。

要求：

1）会使用立体划线工具。

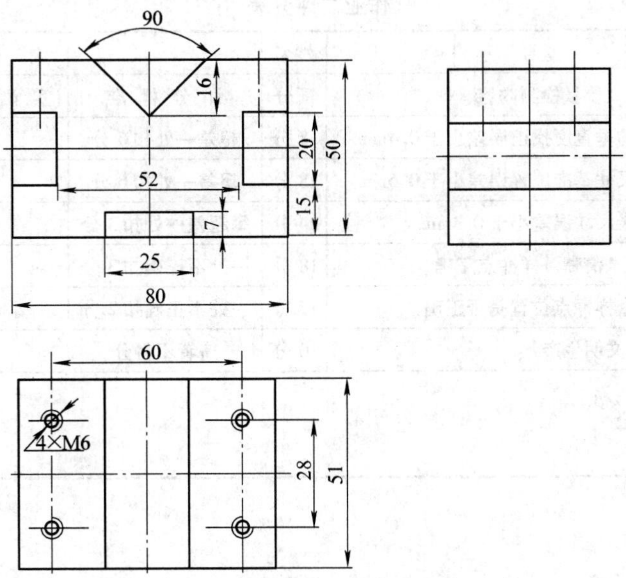

图 4　立体划线件 2——V 形架

2）会简单立体划线操作。

评一评：

作业一评分表

工件号	座号	姓名		总 得 分	
项目	质量检测内容	配分	评 分 标 准	实 测 结 果	得　　分
线条	清晰	10 分	不符合要求不得分		
	均匀	10 分	不符合要求不得分		
允差	尺寸误差不大于 0.5mm	30 分	超差不得分		
	角度误差不大于 1°	10 分	超差不得分		
冲眼	冲眼落点的分布	5 分	不符合要求不得分		
	冲眼大小及均匀性	5 分	不符合要求不得分		
曲线	与曲线过渡圆滑	5 分	不符合要求不得分		
	与圆弧过渡圆滑	5 分	不符合要求不得分		
基准选择	基准选择正确	10 分	不符合要求不得分		
安全文明生产		10 分	违者不得分		
现场记录					

作业二评分表

工件号		座号		姓名		总 得 分	
项 目	质量检测内容			配分	评 分 标 准	实 测 结 果	得 分
划线	三个位置的垂直度找正误差小于0.4mm			18分	超差一处扣6分		
	三个位置尺寸基准位置误差小于0.6mm			18分	超差一处扣6分		
	划线尺寸误差小于0.3mm			24分	每超差一处扣3分		
	线条清晰，样冲点正确			18分	一处不正确扣3分		
	检查样冲点位置是否正确			12分	一处不正确扣2分		
安全文明生产				10分	违者不得分		
现场记录							

学习情境3　锯　　削

相关知识：

想一想：

1）什么是锯削？锯削时需要准备什么工具和设备？

2）锯削应用在什么场合？

3）锯削加工时的工艺是什么？怎样才能加工好如图5、图6所示的零件。

4）锯削注意事项有哪些？

作业一：按图5所示锯削直角块。

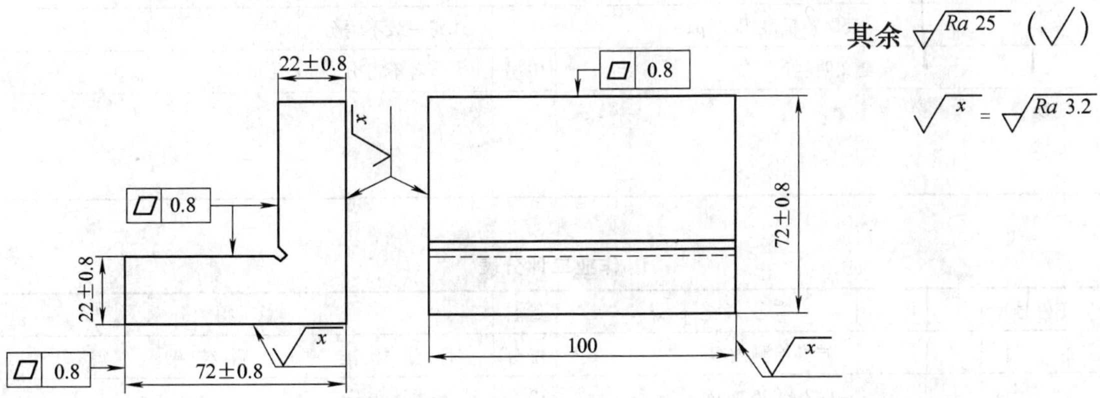

图5　直角块

要求：

1）会锯条安装。

2）学会基本的锯削姿势。

作业二：按图6所示锯削四方体。

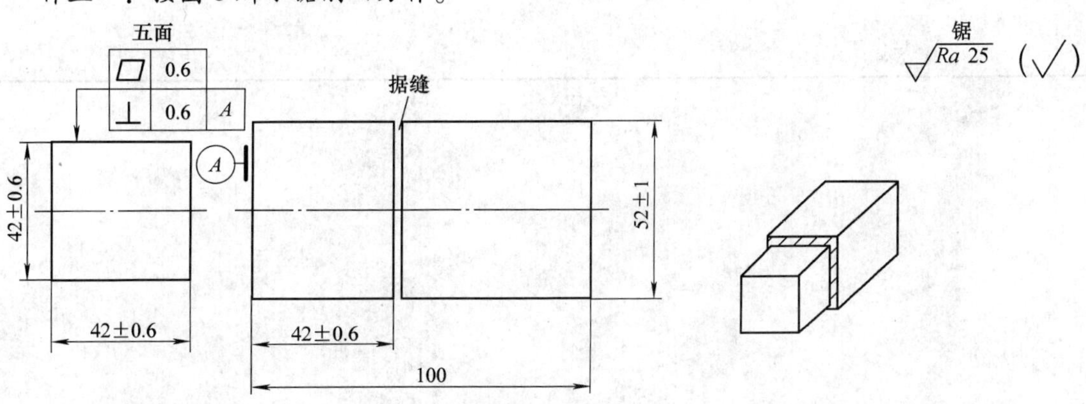

图6　四方体

要求：

1）掌握正确锯削姿势。

2）会选择锯条。

3）要求锯痕整齐。

4）做到动作协调自然。

评一评：

作业一评分表

工件号		座号		姓名		总 得 分	
项 目	质量检测内容			配分	评 分 标 准	实 测 结 果	得 分
锯削	(22 ±0.8)mm			24 分	超差不得分		
	(72 ±0.8)mm			24 分	超差不得分		
	平面度 0.8mm			24 分	超差不得分		
	锯削姿势正确			12 分	目测		
	表面粗糙度 $Ra25\mu m$			6 分	升高一级不得分		
安全文明生产				10 分	违者不得分		
现场记录							

作业二评分表

工件号		座号		姓名		总 得 分	
项 目	质量检测内容			配分	评 分 标 准	实 测 结 果	得 分
锯削	(42 ±0.6)mm			30 分	超差不得分		
	平面度 0.6mm			20 分	超差不得分		
	垂直度 0.6mm			30 分	超差不得分		
	表面粗糙度 $Ra25\mu m$			10 分	升高一级不得分		
	安全文明生产			1 分	违者不得分		
现场记录							

学习情境4　錾　　削

相关知识：

想一想：

1）什么是錾削？錾削时需要准备什么工具和设备？

2）錾削应用在什么场合？

3）錾削加工时的工艺是什么？怎么样才可以加工好如图7、图8所示的零件。

4）錾削注意事项有哪些？

作业一：錾削姿势练习。练习錾削基本姿势，完成如图7所示40mm×30mm×9mm凸台的錾削加工。

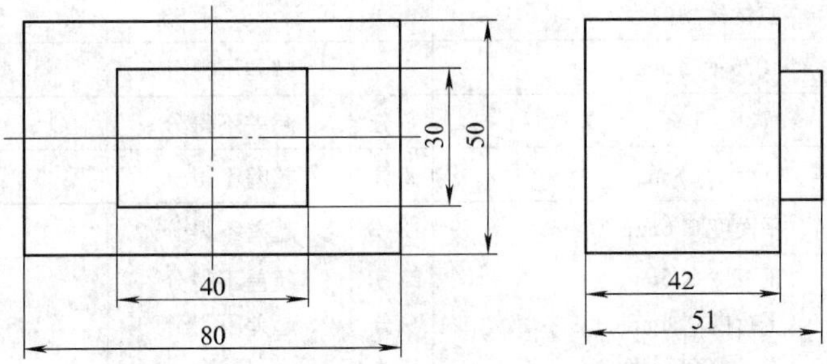

图7　錾削零件备料

作业二：錾削长方体。

完成作业一中长方体(80mm×50mm×42mm)的后续錾削加工，达到图8的加工要求。

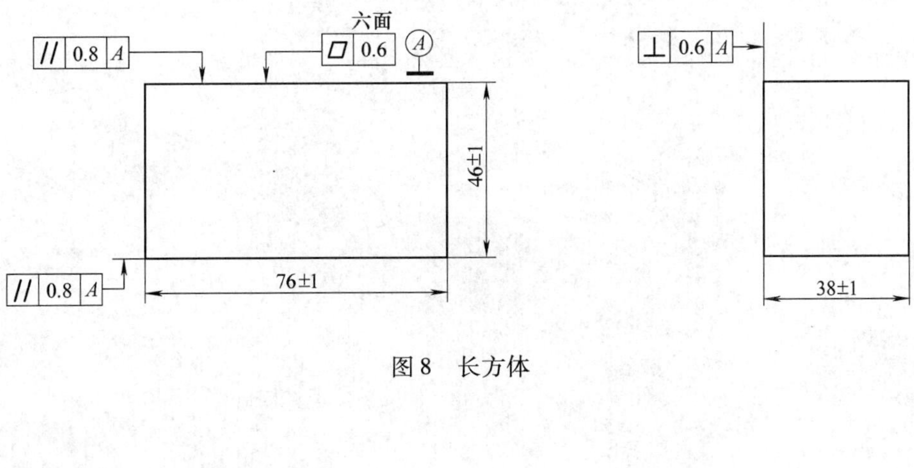

图8　长方体

评一评：

作业一评分表

<table>
<tr><td>工件号</td><td></td><td>座号</td><td></td><td>姓名</td><td></td><td>总 得 分</td><td></td></tr>
<tr><td>项 目</td><td colspan="3">质量检测内容</td><td>配分</td><td>评 分 标 准</td><td>实 测 结 果</td><td>得 分</td></tr>
<tr><td rowspan="4">錾削</td><td colspan="3">捶击姿势正确</td><td>30 分</td><td>目测</td><td></td><td></td></tr>
<tr><td colspan="3">錾削姿势动作正确</td><td>30 分</td><td>目测</td><td></td><td></td></tr>
<tr><td colspan="3">錾削凸台面</td><td>30 分</td><td>金属直尺</td><td></td><td></td></tr>
<tr><td colspan="3">安全文明生产</td><td>10 分</td><td></td><td></td><td></td></tr>
<tr><td colspan="8">现场
记录</td></tr>
</table>

作业二评分表

<table>
<tr><td>工件号</td><td></td><td>座号</td><td></td><td>姓名</td><td></td><td>总 得 分</td><td></td></tr>
<tr><td>项 目</td><td colspan="3">质量检测内容</td><td>配分</td><td>评 分 标 准</td><td>实 测 结 果</td><td>得 分</td></tr>
<tr><td rowspan="5">錾削</td><td colspan="3">(76 ± 1) mm</td><td>8 分</td><td>超差不得分</td><td></td><td></td></tr>
<tr><td colspan="3">(38 ± 1) mm</td><td>8 分</td><td>超差不得分</td><td></td><td></td></tr>
<tr><td colspan="3">(46 ± 1) mm</td><td>8 分</td><td>超差不得分</td><td></td><td></td></tr>
<tr><td colspan="3">平面度 0.6mm</td><td>18 分</td><td>超差不得分</td><td></td><td></td></tr>
<tr><td colspan="3">垂直度 0.6mm
平行度 0.8mm
錾削姿势正确</td><td>24 分
9 分
15 分</td><td>超差不得分
超差不得分
目测</td><td></td><td></td></tr>
<tr><td colspan="4">安全文明生产</td><td>10 分</td><td>违者不得分</td><td></td><td></td></tr>
<tr><td colspan="8">现场
记录</td></tr>
</table>

学习情境5 锉 削

相关知识：

想一想：

1）什么是锉削？锉削时需要准备什么工具和设备？

2）锉削应用在什么场合？

3）锉削加工时的工艺是什么？怎么样才可以加工好图9、图10所示的零件。

4）锉削注意事项有哪些？

作业一：锉削长方体。练习锉削基本姿势，完成图9的锉削加工，要求达到图样要求。

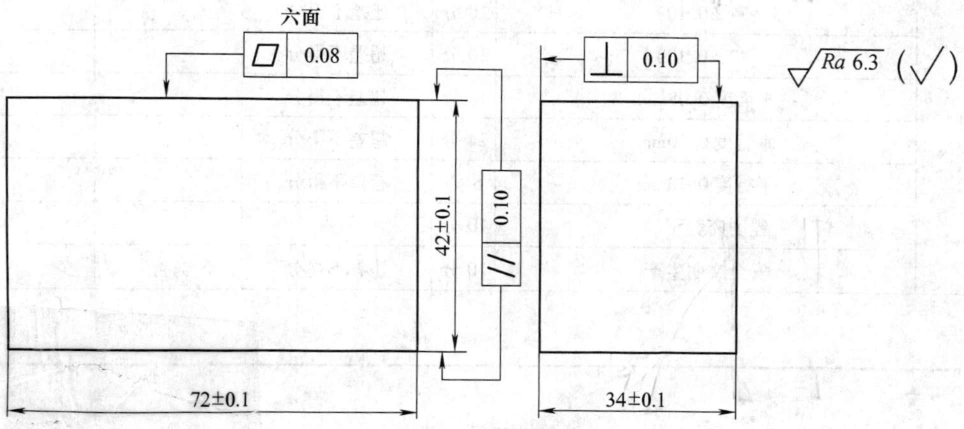

图9 锉削长方体

要求：

1）掌握正确的锉削姿势。

2）学会使用锉削工具、提高平面锉削技能。

3）会用量具测量。

作业二：锉削平行直角块。

要求：

1）锉削姿势正确，进一步提高操作技能。

2）会使用量具检测零件。

3）锉削表面粗糙度不超过 $Ra6.3\mu m$。

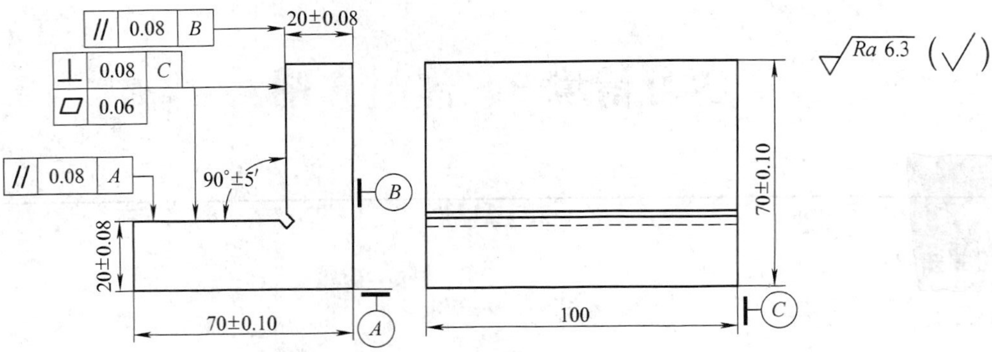

图 10　锉削平行直角块

评一评：

作业一评分表

工件号		座号		姓名		总　得　分	
项　　目	质量检测内容			配分	评 分 标 准	实 测 结 果	得　　分
錾削	(72 ±0.10)			10 分	超差不得分		
	(34 ±0.10)			10 分	超差不得分		
	(42 ±0.10)			10 分	超差不得分		
	平面度 0.08mm			18 分	超差不得分		
	垂直度 0.10mm			24 分	超差不得分		
	平行度 0.10mm			8 分	超差不得分		
	锉削姿势正确			10 分	目测		
	安全文明生产			10 分	违者不得分		
现场记录							

作业二评分表

工件号		座号		姓名		总　得　分	
项　　目	质量检测内容			配分	评 分 标 准	实 测 结 果	得　　分
	(20 ±0.08)mm			24 分	超差不得分		
	平面度 0.06mm			12 分	超差不得分		
	垂直度 0.08mm			10 分	超差不得分		
	平行度 0.08mm			10 分	超差不得分		
	90° ±5′			6 分	超差不得分		
	表面粗糙度 *Ra*6.3μm			8 分	升高一级不得分		
安全文明生产				10 分	违者不得分		

学习情境6　钻孔与攻螺纹

想一想：

1）钳工是如何在工件上加工出孔的？钻头的刃磨与材料之间有何关系？钻床转速与材料、孔径有何关系？如何操作？

2）当对加工的孔有较高精度要求时，钳工是如何做到的？

3）钳工是如何进行螺纹加工的，坯料的径向尺寸是如何确定的？材料与径向尺寸有何关系？

1. 钻孔

认一认：

1）在实验教师的指导下，识认麻花钻头，了解其构成及各角度。

2）在实验教师的指导下，了解直柄钻头与锥柄钻头的装夹和卸除过程。

3）注意观察实验教师对钻头的刃磨示范。

练一练：

1）根据实验教师的示范，练习刃磨钻头。

2）在实验教师的指导下，完成零件加工(图11)。

要求：

1）识认麻花钻钻头，了解其构成及各角度；了解直柄钻头与锥柄钻头的装夹和卸除过程。

2）练习刃磨钻头。

3）完成图11零件的钻孔加工。

评一评：

作业一　钻头刃磨评分　　　　年　　月　　日

工件号		座号		姓名	
项　目	质量检测内容	配分	评 分 标 准	评　价	得　分
识认	识认麻花钻头的各部分，准确说出它们的名称和作用	20分	认识且能说出其名称和作用		
操作	叙述麻花钻的工作原理 刃磨麻花钻头	10分 60分	表达清晰 符合操作规范，动作协调、准确；刃磨的角度合理，左右对称		

（续）

工件号		座号		姓名	
项　　目	质量检测内容	配分	评 分 标 准	评　　价	得　　分
	安全文明生产	10 分	违者不得分		
现场记录				总分	
评价教师					

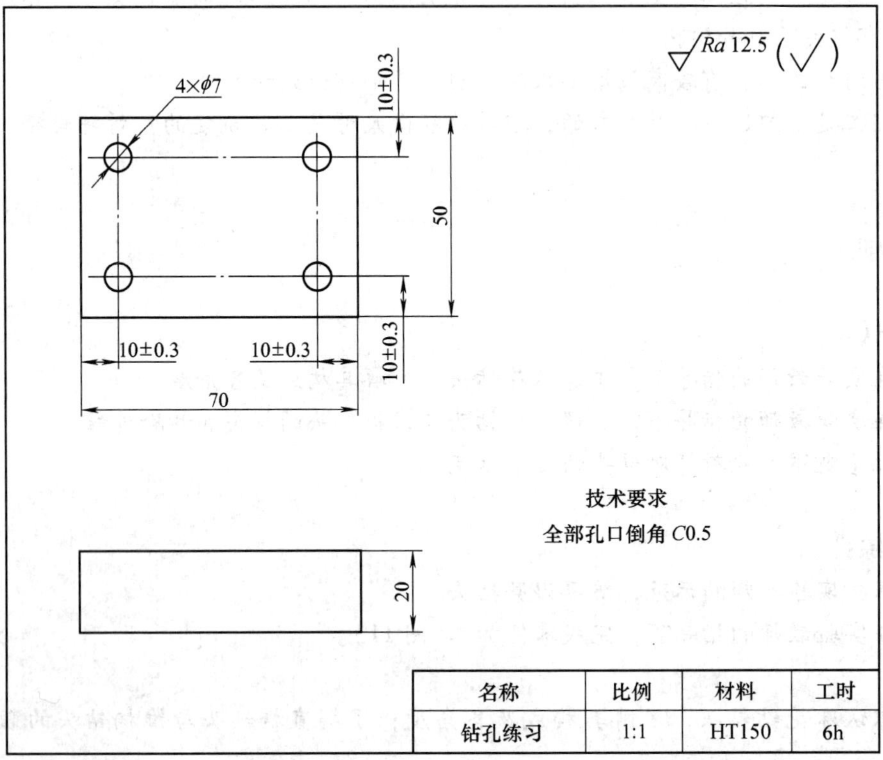

图 11　钻孔练习

作业二　钻孔练习评分　　　　年　　月　　日

工件号		座号		姓名	
项　　目	质量检测内容	配分	评 分 标 准	评　　价	得　　分
识认	识认“练习”所提供的零件图，明确各项加工要求	30 分	1. 加工要求 2. 划线，打样冲眼 3. 自检		
操作	1. 选择并刃磨钻头 2. 根据需要准备钻床及夹装钻头 3. 钻孔	60 分	1. 符合操作规范，动作协调、准确 2. 钻头刃磨正确 3. 钻床准备正确 4. 钻孔操作正确 5. 加工结果符合图样要求		
	安全文明生产	10 分	违者不得分		
现场记录				总分	
评价教师					

2. 铰孔

认一认：

1）在实验教师的指导下，识认铰刀。

2）观察实验教师所做的铰孔示范。

练一练：

在实验教师的指导下，按要求完成零件加工(图 12)。

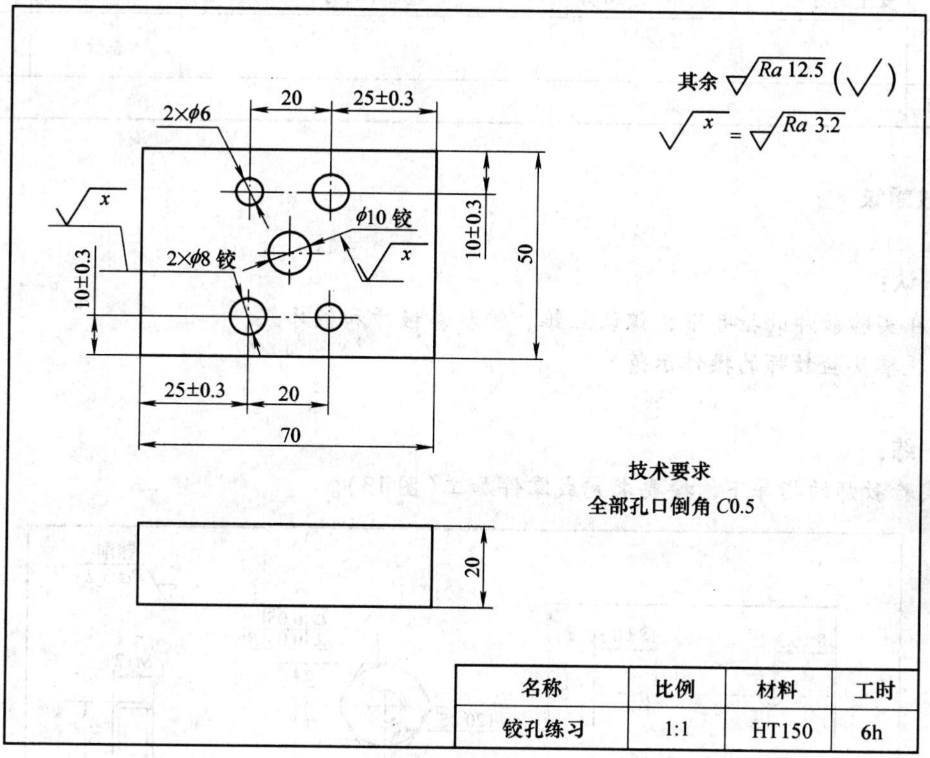

图 12 铰孔练习

要求：

1）识认铰刀。

2）在实验教师的指导下，按要求完成零件加工(图 12)。

评一评：

作业三 钻、铰孔练习评分 年 月 日

工件号		座号		姓名	
项　目	质量检测内容	配分	评 分 标 准	评　价	得　分
识认	识认“练习”所提供的零件图，明确各项加工要求	30 分	1. 加工要求 2. 划线，打样冲眼 3. 自检		

（续）

工件号		座号		姓名	
项　目	质量检测内容	配分	评 分 标 准	评　价	得　分
操作	1. 选择并刃磨钻头 2. 根据需要准备钻床及夹装钻头 3. 钻孔 4. 准备铰刀 5. 铰孔	60 分	1. 符合操作规范，动作协调、准确 2. 钻头刃磨正确 3. 钻床准备正确 4. 钻孔操作正确 5. 铰孔操作正确 6. 加工结果符合图样要求		
	安全文明生产	10 分	违者不得分		
现场记录				总分	
评价教师					

3. 攻螺纹

认一认：

1）在实验教师的指导下，识认丝锥、铰杠、板牙和板牙架。

2）观察实验教师的操作示范。

练一练：

在实验教师的指导下，按要求完成零件加工(图 13)。

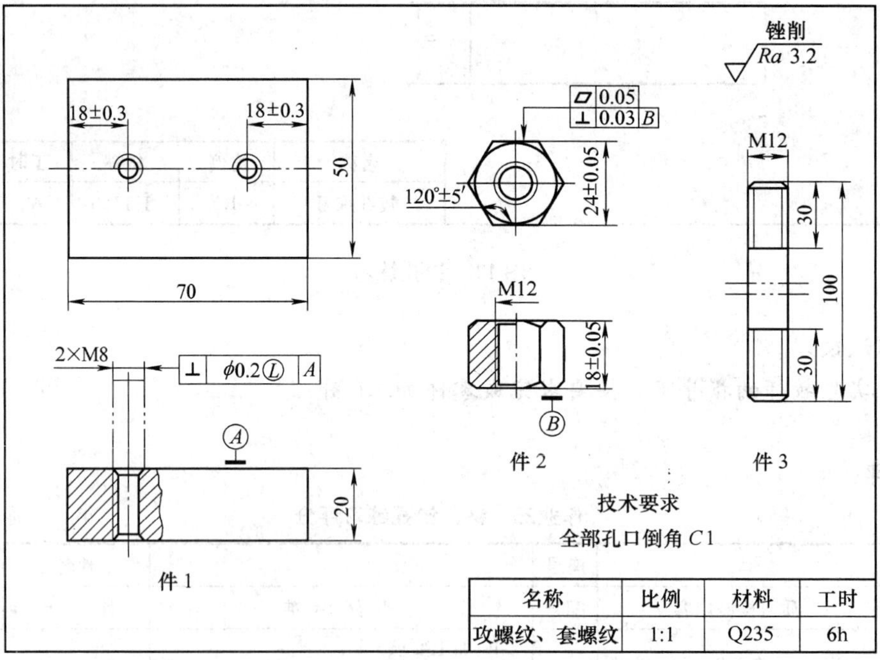

图 13　攻螺纹、套螺纹练习

要求：

1）识认丝锥、铰杠、板牙和板牙架。

2）按要求完成零件加工(图13)。

评一评：

作业四　攻螺纹、套螺纹练习评分　　　年　月　日

工件号		座号		姓名	
项　目	质量检测内容	配分	评分标准	评　价	得　分
识认	识认“练习”所提供的零件图，明确各项加工要求	30分	1. 加工要求 2. 划线，打样冲眼 3. 自检		
操作	一、攻螺纹 1. 选择并刃磨钻头 2. 根据需要准备钻床及夹装钻头 3. 钻孔 4. 准备丝锥 5. 攻螺纹 二、套螺纹 1. 下料 2. 套螺纹准备 3. 套螺纹	60分	1. 符合操作规范，动作协调、准确 2. 钻头刃磨正确 3. 钻床准备正确 4. 钻孔操作正确 5. 攻螺纹、套螺纹操作正确 加工结果符合图样要求		
安全文明生产		10分	违者不得分		
现场记录				总分	
评价教师					

学习情境7 钣金修复

想一想：

为了完成情境中描述的任务，你需要使用哪些工具？需要学习哪些相关知识？如何制定一份切实可行的实施计划？

<table>
<tr><td>姓　名</td><td></td><td>学　号</td><td></td><td>班　级</td><td></td><td>组　别</td><td></td></tr>
<tr><td>任务名称</td><td colspan="7">门板外形修复项目</td></tr>
<tr><td>能力目标</td><td colspan="7">1. 能掌握正确安全操作规程，树立安全操作意识
2. 能正确使用工具进行打磨清除凹陷部位漆层
3. 学会调整外形修复机，确定合适的焊接参数，对凹陷部位进行焊接拉伸，钣金锤进行修复</td></tr>
<tr><td>设备、工具准备</td><td colspan="7">防护用品、维修手册、外形修复机、电焊机，拉拔器、打磨器械等</td></tr>
<tr><td rowspan="2">信息获取</td><td colspan="7">1. 获取车辆信息：
车型________________</td></tr>
<tr><td colspan="7">2. 根据维修手册获取门板修理技术标准值：
1）打磨涂层羽状边距离损伤部位大于 80mm
2）修复后裸金属板件高度应低于板件 1mm
3）板件修复后不得高于原板面
4）板件不得有空洞
5）缺陷按直径 5mm 为界限</td></tr>
</table>

评一评：

钣金修复评分表(满分 100 分)　　　　实际分数________

序号	考核内容	配分	评分标准	考核记录	扣分	得分
01	个人防护用品使用情况	5	未穿戴护目镜、口罩、手套、工作帽、安全鞋，一项扣 1 分，扣完为止			
02	外形修复机设备调整	6	①电流　②焊接时间(一项超出范围扣 3 分)			
03	裸金属边缘距离凹陷	20	裸金属边缘距离凹陷区域≥80mm，一处超差扣 4 分(连续超差长度大于 5mm 为一处)，扣完为止(20 分)			
04	修复部位形状评分	60	① 修复部位形状低于板面高度 1mm 一处扣 5 分(直径≤5mm 为一处,≤10mm 为 2 处,≤15mm 为 3 处,以此类推) (有____处超标,应扣____分) ② 修复部位形状高于板面高度一处扣 8 分(直径≤5mm 为一处,≤10mm 为 2 处,≤15mm 为 3 处,以此类推) (有____处超标,应扣____分) ③ 修复部位出现孔洞一处扣 10 分(直径≤5mm 为一处,≤10mm 为 2 处,≤15mm 为 3 处,＞15mm 修复部位形状评分不得分) (有____处超标,应扣____分)			

（续）

序号	考核内容	配分	评 分 标 准	考核记录	扣分	得分
05	工具使用	4	操作中工具掉落一次扣1分，扣完为止			
06	清理现场	5	在操作40min内要把工具摆放到指定位置，摆放整齐（在比赛15min内，一件工具未摆放原处或未摆放整齐扣1分，扣完为止；40min内未完成作业的，不得分）			

学生姓名__________ 班级__________ 老师__________

______年______月______日

学习情境 8 焊 接

想一想：

为了完成情境中描述的任务，你需要学习哪些焊接知识相关知识？需要哪些操作工艺技巧？如何制定一份切实可行的实施计划？

实训一：钢板对接平焊

步骤：

以钢板对接平焊进行练习，焊接结构/技术要求及工艺见表。钢板厚度 15mm，每块钢板尺寸为 400mm × 200mm。

材料：Q235

尺寸：400mm × 200mm × 15mm

生产实习件数：每组一件

技术要求：外观检查无明显变形和缺陷

钢板对接平焊工艺过程

操作步骤	工序名称	工艺简图	操 作 说 明
1	备料		用剪切或气割方法准备出两块平板
2	开坡口		用刨边机或气割方法加工出 Y 形坡口
3	焊前清理		用铜刷清除接头处杂物及铁锈
4	焊接装配		将钢板放平，对齐，接头处垫高 2mm，并留 2 ~ 3mm 的间隙
5	焊件点焊		选择好焊接参数，在接头处点焊三处
6	整体焊接		先用直径为 3.2mm 的焊条焊第一层，以后用 5mm 的焊条进行焊接，直到焊平为止
7	清理检验		用小锤或钢刷清除焊件表面的熔渣及飞溅的金属；用眼睛或放大镜进行外观检查，若发现存在焊接缺陷，可进行补焊，若发现变形，应进行矫正

实训二：气割

材料：5mm 以下、5 ~ 30mm、30mm 以上钢板各一

尺寸：不限

生产实习件数：每组各一件

技术要求：

1）气割过程中保持割嘴与工件有合适的角度，割嘴在切割方向上与工件之间的夹角随工件厚度面变化。

2）割嘴离工件表面距离应始终使预热的焰心端部距工件 3 ~ 5mm。

割嘴与工件夹角

钢板厚度	割嘴与工件夹角	图示
<5mm	割嘴向切割方向后倾20°～50°	
5～30mm	90°，割嘴与工件垂直	
≥30mm	开始朝与切割方向前倾约5°～10°，结尾后也是倾约5°～10°，中间切割过程保持割嘴与工件垂直	

评一评：

项目评价表

学习领域	金工实训	学习情境：		焊接操作
项目	钢板对接平焊，气割			
班级(成员)				
项目开始时间		项目完成时间：		
评分内容		标准分值	学生自我评价(40%)	学生之间互相评价(60%)
资讯(5%)				
项目工作任务理解认知程度		5		
计划(15%)				
收集信息、准备工具、材料等情况		5		
制定工作计划及实施方案		5		
确定解决问题的方法、步骤的框架		5		
决策(10%)				
制定工作方案、计划是否合理(经济、安全、环保、质量)		3		
具体操作实施步骤		3		
项目分阶段实习单的设计		4		
实施(45%)				
工具操作的正确性及熟练程度		10		
操作步骤的正确性		10		
能否在规定时间内完成故障排除		10		
设备客户移交中成果展示准确性		10		
实习报告编写是否完整		5		
检查(15%)				
工作步骤是否按计划要求进行		3		
检测方法是否正常		3		
能否如实填写实习单		3		
焊接效果检查		3		
安全操作及文明生产		3		
评估(10%)				

（续）

学习领域	金工实训	学习情境：		焊接操作
项目	钢板对接平焊，气割			
班级(成员)				
项目开始时间		项目完成时间：		
评 分 内 容		标准分值	学生自我评价（40%）	学生之间互相评价(60%)
本项目认为完成好的地方		2		
本项目有待改进之处		4		
改进方法		4		
总分		100		
教师评语				
学生签名(日期)			教师签名(日期)	

参 考 文 献

[1] 王德洪. 钳工技能实训[M]. 北京：人民邮电出版社，2006.

[2] 才家刚. 图解常用量具的使用方法和测量实例[M]. 北京：机械工业出版社，2007.

[3] 钱昌明，王东庆. 钳工工作禁忌实例[M]. 北京：机械工业出版社，2006.

[4] 李文林，邱言龙，陈德. 钳工实用技术问答[M]. 北京：机械工业出版社，2001.

[5] 宋军民，冯忠伟. 钳工基本操作技能训练[M]. 北京：国防工业出版社，2006.

[6] 刘森. 钳工技术手册[M]. 北京：金盾出版社，2007.

[7] 凤勇. 汽车机械基础[M]. 北京：人民交通出版社，2005.

[8] 张荣全. 钳工与焊工实训[M]. 北京：中国劳动社会保障出版社，2009.

[9] 王英杰，韩伟. 金工实习指导[M]. 北京：高等教育出版社，2006.

[10] 马云贵，谭本忠. 汽车钣金教程[M]. 北京：机械工业出版社，2008.

[11] 卢圣春. 汽车钣金修整培训教程(CEAC 职业(岗位)培训系列教材) [M]. 北京：化学工业出版社，2008.